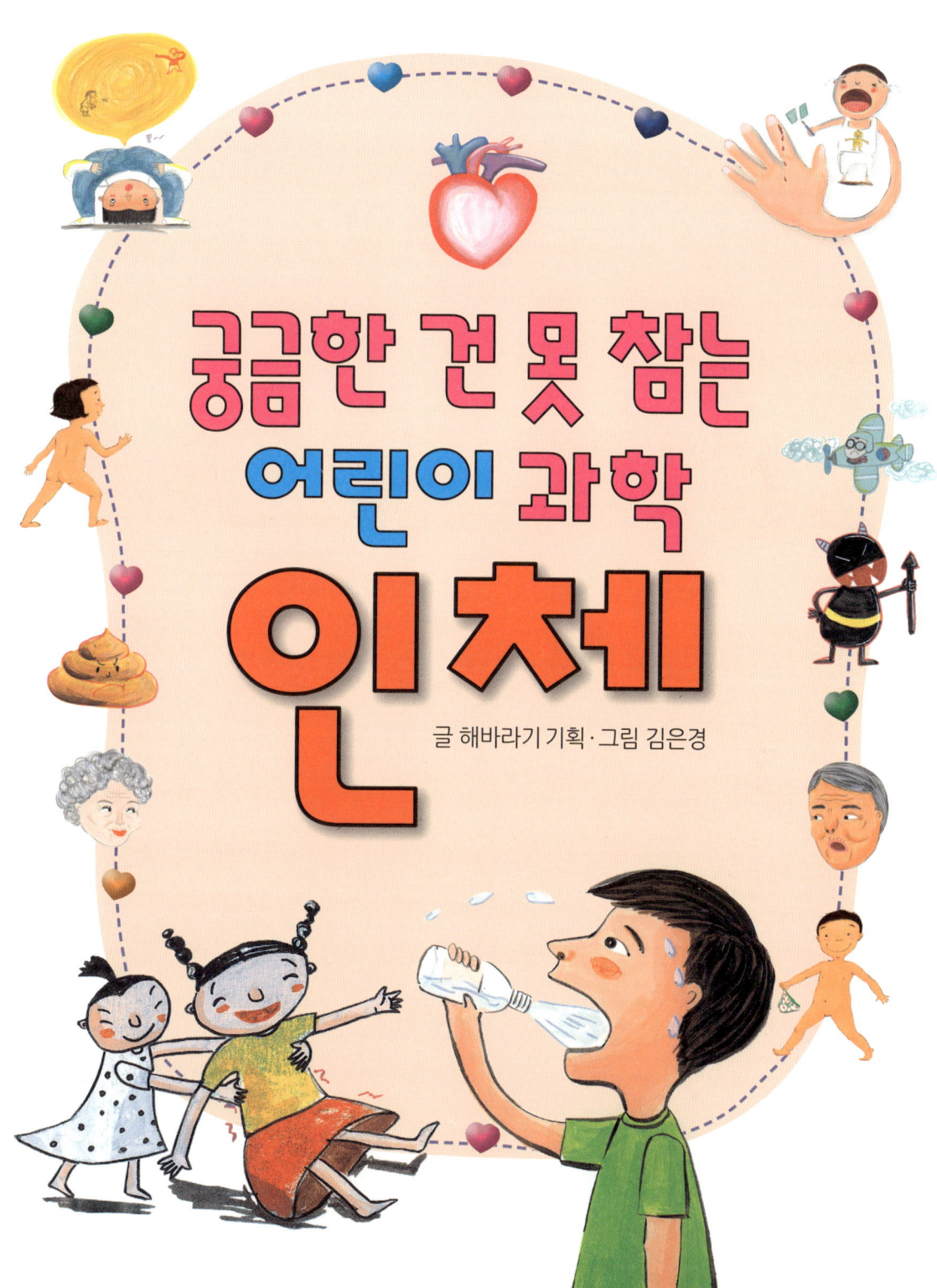

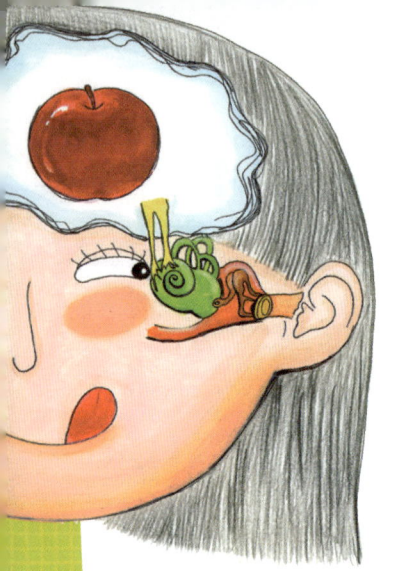

머리말

우리 몸은 참 신기해요. 몸이 피곤하면 잠을 자서 피로를 풀고, 추우면 소름이 돋아서 몸의 열이 빠져나가지 못하도록 막지요. 심장은 쉬지 않고 콩닥콩닥 뛰어 피를 내보내고, 피는 온몸 구석구석을 돌아다니며 영양분을 전해 주지요.

정확하고, 빠르고, 한 치의 실수도 없이 움직이는 우리 몸은, 알면 알수록 신비하고 재미있답니다.

코가 막히면 왜 맛을 못 느끼나요?
겨울이면 왜 입김이 나올까요?

뿌웅, 방귀는 왜 뀌나요?
피는 빨간색인데 핏줄은 왜 파란색인가요?

『인체 200』은 알쏭달쏭 궁금한 우리 몸에 대해 84가지 질문과 답으로 머리에 쏙쏙 들어오게 엮은 책이랍니다.

평소에 "왜 그럴까?" 하고 생각했던 것들을 이 책을 통해 풀어 보세요. 쉽고 재미있는 우리 몸 이야기가 여러분의 궁금증을 시원하게 날려 줄 거예요.

소중한 우리 몸, 잘 알고 배워서 건강하게 지키세요.

차례

알쏭달쏭 감각

01 눈은 어떻게 볼 수 있나요? • 16
02 눈물은 왜 짠가요? • 18
03 눈물은 왜 날까요? 콧물은 왜 날까요? • 20
04 눈꺼풀은 왜 깜빡거릴까요? • 22
05 책을 가까이에서 읽으면 왜 눈이 나빠지나요? • 24
06 킁킁, 코는 어떻게 냄새를 맡을까요? • 26
07 코털은 왜 있나요? • 28
08 감기에 걸리면 왜 콧물이 날까요? • 30
09 코가 막히면 왜 맛을 느끼지 못하나요? • 32
10 코딱지는 왜 생기나요? • 34
11 혀는 무슨 일을 하나요? • 36
12 맛은 어떻게 느끼는 거예요? • 38
13 겨울이면 왜 입김이 나올까요? • 40
14 이를 잘 닦지 않으면 왜 이가 썩나요? • 42

15 침은 왜 나오나요? • 44
16 이가 하는 일은 뭐예요? • 46
17 운동을 하고 나면 왜 목이 말라요? • 48
18 귀는 어떻게 소리를 들을 수 있나요? • 50
19 높은 곳에 올라가면 왜 귀가 먹먹한가요? • 52
20 멀미는 왜 하나요? • 54

알쏭달쏭 소화

21 위는 무슨 일을 할까요? • 58
22 음식물이 똥으로 나오는 데 얼마나 걸려요? • 60
23 배는 왜 고파지나요? • 62
24 밥을 먹고 달리면 왜 배가 아픈가요? • 64
25 배가 부르면 왜 졸음이 쏟아질까요? • 66
26 트림은 왜 나오나요? • 68
27 딸꾹질은 왜 하나요? • 70
28 오줌은 왜 나올까요? • 72
29 추우면 왜 오줌이 더 자주 마렵나요? • 74

30 똥은 왜 마려울까요? • 76
31 뿌지직, 설사는 왜 하나요? • 78
32 똥 색깔로 건강을 알 수 있나요? • 80
33 뿌웅, 방귀는 왜 뀌나요? • 82
34 방귀는 왜 냄새가 나나요? • 84
35 방귀를 참으면 어떻게 될까요? • 86

알쏭달쏭 피·호흡·신경순환

36 피는 어디에서 만들어지나요? • 90
37 피는 무슨 일을 하나요? • 92
38 피는 왜 색이 빨개요? • 94
39 피는 빨간색인데 핏줄은 왜 파란색이에요? • 96
40 입술 색으로 건강을 알 수 있나요? • 98
41 혈액형이 뭐예요? • 100
42 코피는 왜 나나요? • 102
43 상처가 났을 때 피는 어떻게 멈춰요? • 104
44 감기는 왜 걸릴까요? • 106

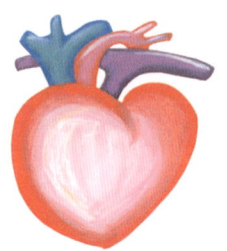

45 감기에 걸리면 왜 몸에 열이 나요? • 108
46 숨을 들이쉬면 공기는 어디로 가나요? • 110
47 운동을 하면 왜 숨이 가빠질까요? • 112
48 가슴은 왜 콩닥콩닥 뛸까요? • 114
49 숨을 쉬지 않고 얼마나 살 수 있어요? • 116
50 머리를 찧으면 왜 혹이 생겨요? • 118
51 멍은 왜 생길까요? • 120
52 잠은 왜 자야 하나요? • 122
53 꿈은 왜 꾸나요? • 124
54 무릎을 꿇고 앉아 있으면 왜 다리가 저릴까요? • 126

알쏭달쏭 뼈·피부·근육

55 우리 몸에 뼈는 왜 있을까요? • 130
56 어른과 아기, 누가 더 뼈가 많을까요? • 132
57 손가락뼈를 구부리면 왜 소리가 날까요? • 134
58 부러진 뼈는 어떻게 다시 붙을까요? • 136
59 지문은 왜 있을까요? • 138
60 키는 몇 살까지 클까요? • 140
61 보조개는 왜 생기나요? • 142
62 피부는 무슨 일을 하나요? • 144
63 모기에 물리면 왜 빨갛게 붓고 가려울까요? • 146
64 피부에 난 상처는 어떻게 금방 아무나요? • 148
65 때는 왜 생겨요? • 150
66 배꼽은 왜 있을까요? • 152
67 배꼽에는 왜 까만 건이 끼어 있을까요? • 154
68 여드름은 왜 생겨요? • 156
69 비듬은 왜 생겨요? • 158

70 주름은 왜 생겨요? • 160
71 추우면 왜 몸이 덜덜 떨려요? • 162
72 부끄러우면 왜 얼굴이 빨개질까요? • 164
73 손톱은 왜 자라나요? • 166
74 눈썹은 왜 생겼을까요? • 168
75 노인이 되면 왜 머리가 하얘질까요? • 170
76 여자는 왜 수염이 나지 않을까요? • 172
77 피부색은 왜 인종마다 다를까요? • 174
78 햇볕을 오래 쬐면 왜 피부가 탈까요? • 176
79 점과 주근깨는 왜 생겨요? • 178
80 물집은 왜 생길까요? • 180
81 소름은 왜 돋을까요? • 182
82 땀은 왜 나는 거예요? • 184
83 물에 손을 담그고 있으면 왜 손이 쭈글쭈글해질까요? • 186
84 간지럼은 왜 탈까요? • 188

알쏭달쏭 감각

보고, 듣고, 말하는 우리 몸의 감각 기관
눈, 코, 입, 귀를 중심으로 "왜 그럴까?"
평소 궁금했던 내용을 알아볼까요?

 눈은 어떻게
볼 수 있나요?

눈은 가운데에 까맣고 동그란 동자가 있고, 그 동자로 빛이 많이 들어오거나 적게 들어오도록 조절하는 홍채가 있어요. 홍채 뒤에는 수정체가 있는데, 마치 볼록 렌즈처럼 생겼지요. 수정체는 사진기 렌즈처럼 물체와의 초점거리를 맞추는 일을 한답니다.
물체를 비춘 빛이 눈동자를 통해 들어와 수정체를 지나 망막이라는 곳에 닿으면, 그 물체의 모습이 망막에 맺히게 돼요. 그러면 망막과

연결되어 있는 시신경이 망막에 맺힌 모습을
뇌에 전달해 주어 그것이 무엇인지 알 수 있게
한답니다.
이러한 과정들은 아주 순식간에 이루어져요.

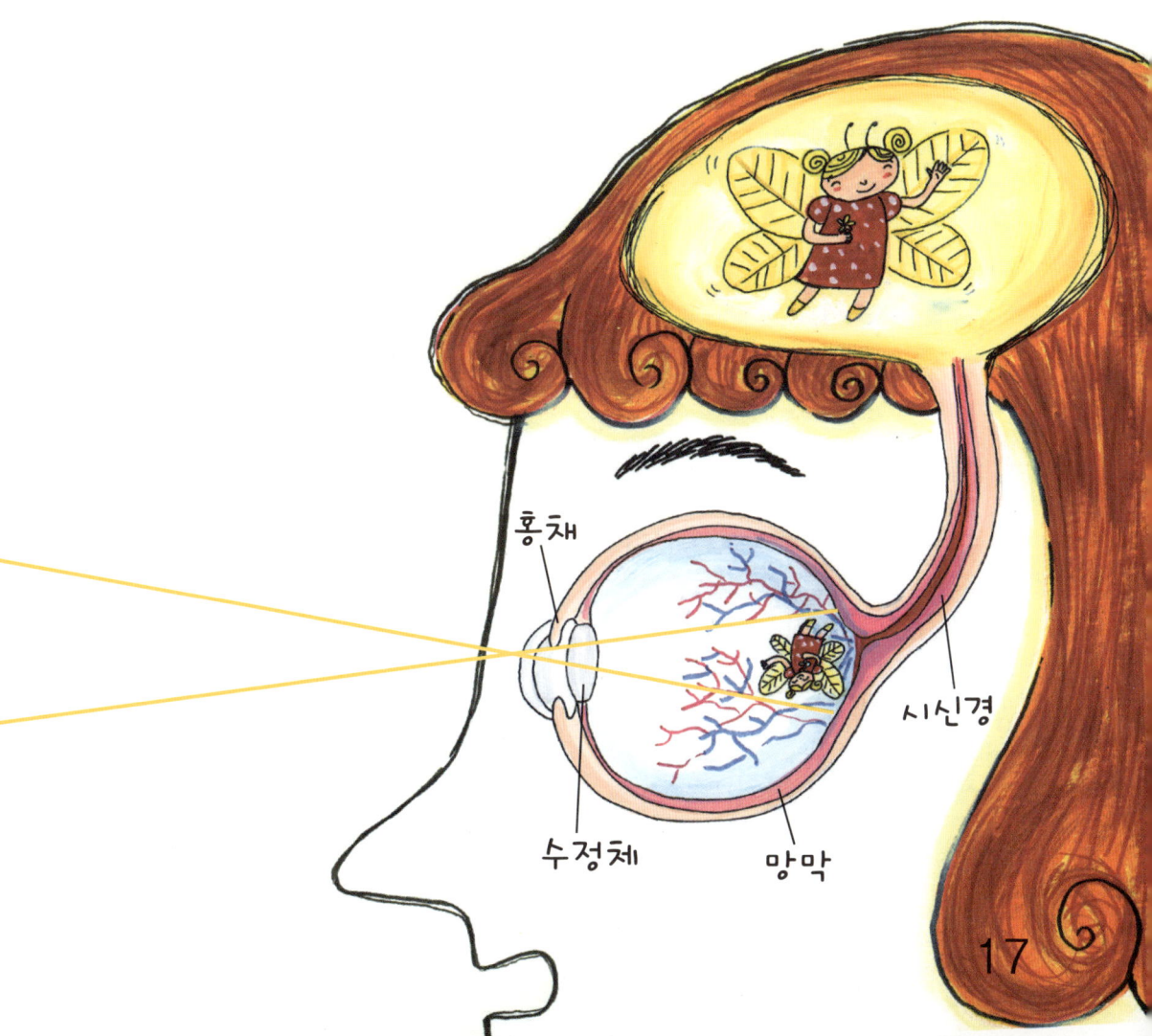

눈물은 왜 짠가요?

"으아앙! 너, 정말 이럴래?"
친구와 다투다 화가 나 울음을 터뜨린 적 있지요?
줄줄 흘러내린 눈물이 입으로 들어가기도 했을
거고요. 그때 눈물 맛이 어땠나요? 짭짜름했지요?
눈물이 짠 것은 눈물 속에 약간의 소금기가
들어 있기 때문에 그렇답니다.
그런데 눈물은 왜 흘리느냐에
따라 맛이 조금씩 달라요.
눈에 먼지가 들어가서
눈물이 날 때는 짜지 않고
맹물 같은 맛이지만,
슬프거나 기뻐서

눈물을 흘릴 때는 조금 짜답니다.
화가 나서 울 때는 슬프거나 기뻐서 울 때보다
훨씬 더 짜고요.
화가 나면 물보다 소금기가 더 많이 들어 있는
눈물이 나와서 그렇답니다.

눈물은 왜 날까요? 콧물은 왜 날까요?

공기 중에는 눈에 잘 보이지 않는 작은 먼지가 많아요. 이 먼지가 자꾸 눈에 들어가기 때문에 눈은 먼지를 씻어 내기 위해 쉬지 않고 눈물을 흘려 청소를 한답니다.
즉 눈꺼풀을 깜박일 때마다 눈물이 눈에 들어온

어! 눈에 먼지가 들어갔네?
따가워.

먼지를 씻어 주는 것이지요.
또 눈물은 콧속으로도 흐르기 때문에 콧물이
나는 것이랍니다.

슬픈 장면

눈꺼풀은 왜 깜빡거릴까요?

누가 더 오래 눈꺼풀을 깜빡하지 않나 눈싸움 시작! 그런데 눈을 깜빡하지 않고 버티기란 쉽지 않지요? 눈꺼풀을 깜빡이는 것은 눈을 보호하기 위해서예요.

눈을 깜빡이면 눈물이 눈 전체에 고루 퍼져
눈에 있는 먼지나 세균을 씻어 내 주거든요.
그리고 눈을 촉촉하게 해서 눈이 건조하지
않도록 해 준답니다.

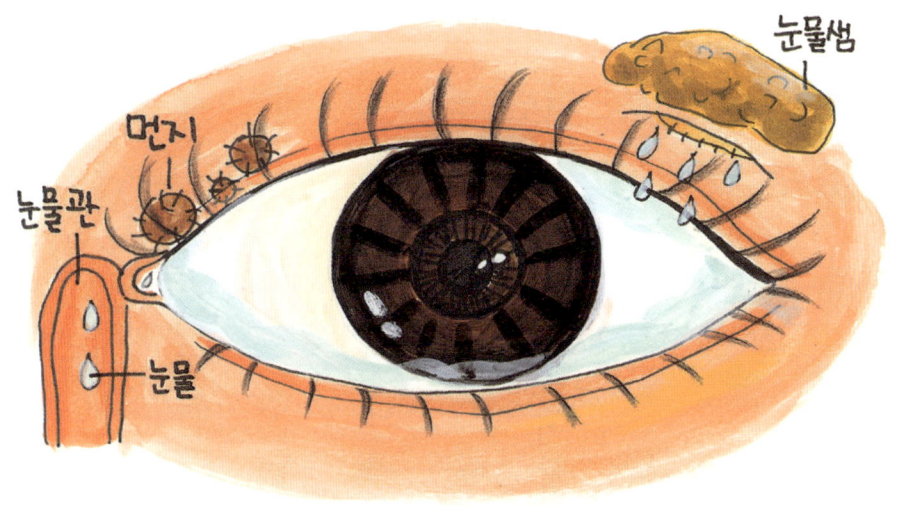

보통 하루에 만 번 넘게 눈을 깜빡이는데,
마음이 불안하거나 피곤하면 더 깜빡여요.
하지만 텔레비전을 보거나 책을 읽을 때처럼
집중해서 무언가를 볼 때는 덜 깜빡거린답니다.

23

책을 가까이에서 읽으면 왜 눈이 나빠지나요?

수정체 때문이에요.

수정체는 멀리 있는 물체를 볼 때보다 가까이 있는 물체를 볼 때 더 피로하답니다.

왜냐하면 가까이 있는 물체를 볼 때는 수정체를 볼록하게 만드는데, 이때 수정체 모양을 조절하는 근육이 많이 오그라들거든요.

바로 눈의 근육이 피로해지는 것이지요.

이렇게 자주 책을 가까이에서 읽어 눈 근육을 피로하게 하면 눈이 나빠진답니다.

책을 볼 때는 바른 자세로 앉아 책과 30센티미터 정도 떨어져서 읽는 습관을 들이세요.

그러면 소중한 눈을 건강하게 지킬 수 있답니다.

킁킁, 코는 어떻게 냄새를 맡을까요?

냄새는 우리 눈에는 보이지 않는 아주 작은 알갱이로 공기 속을 떠다녀요.
우리 코 안에는 축축한 벽이 있는데 이곳에 냄새를 느끼는 세포가 있답니다.
우리가 숨을 쉬면 공기 속에 떠다니던 냄새 알갱이가 콧속으로 들어와 이 축축한 벽에 닿아요. 그러면 냄새 세포가 얼른 무언가 냄새 알갱이가 들어왔음을 뇌에 전해 준답니다. 그러면 뇌는 재빨리 "으음, 상큼한 귤 냄새."
"으윽, 똥방귀 냄새!"라고 알려 주어요.

코털은 왜 있나요?

우리가 숨을 쉬는 공기 속에는 눈에는
보이지 않지만 아주 작은 먼지가 떠다니고 있어요.
또 병을 일으키는 세균도 있고요.
코털은 이러한 먼지나 세균이 콧속으로 들어와
허파로 들어가지 못하도록 막는 일을 해요.
룰루랄라~
신나게 콧속으로 들어오던 먼지나 세균은

매연

"감히 어딜 들어와. 꼼짝 마!" 하고 콧속을 지키는 코털들에 걸려 콧속으로 들어가지 못하게 되지요.

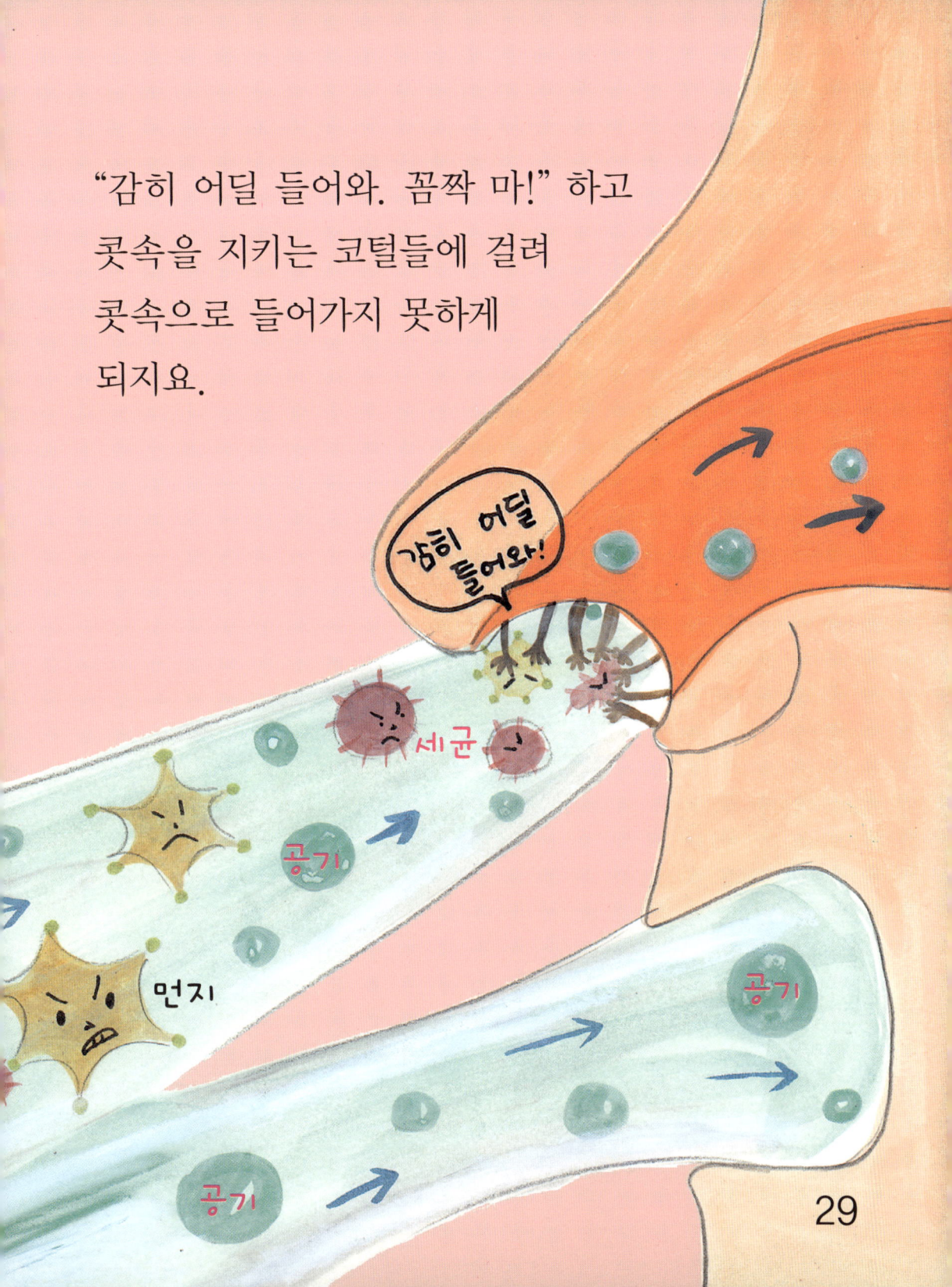

08 감기에 걸리면 왜 콧물이 날까요?

코 안쪽 벽은 늘 끈끈한 물로 덮여 있어요.
그런데 감기에 걸리면 감기 바이러스 때문에
코 안쪽 벽이 염증을 일으켜 빨갛게 부어올라요.
그러면 코 안쪽 벽면은 감기 바이러스를 죽이려고
평소보다 더 많은 양의 끈끈한 물을 내보낸답니다.
왜냐하면 끈끈한 물 속에는 감기 바이러스를
죽이는 성분이 들어 있거든요.
이 끈끈한 물이 많아져 밖으로 흘러나오는 것이
바로 콧물이에요.
감기에 걸렸을 때 처음에는 맑고 투명한 콧물이
나오지만, 감기가 나아질수록 누런 콧물이 나와요.
이것은 핏속에 있는 백혈구와 감기 바이러스가

치열하게 싸우다 죽었기 때문에 그렇답니다.
백혈구는 바이러스를 죽이는 일을 하거든요.

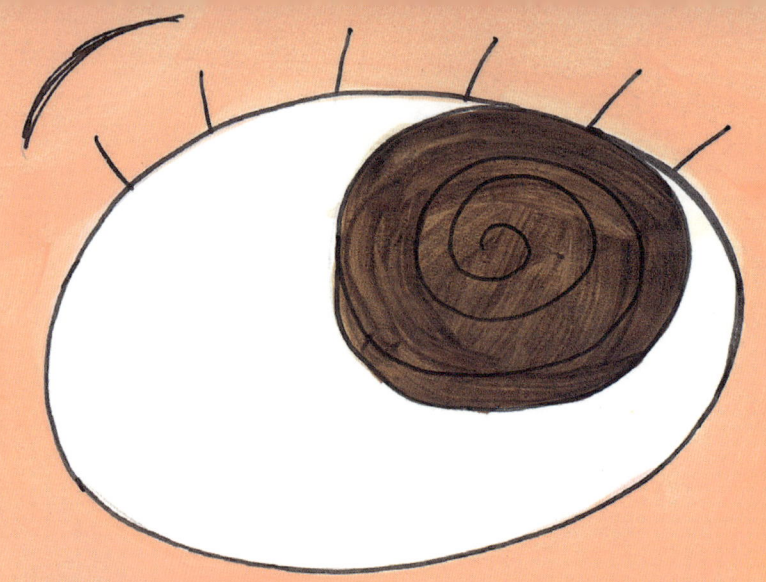

09 코가 막히면 왜 맛을 느끼지 못하나요?

코가 막히면 콧속으로 냄새 알갱이들이 잘 들어가지 못하게 돼요. 냄새 알갱이들이 들어오지 않으니 코 안쪽 벽 축축한 곳에 있는 냄새 세포는 냄새를 맡을 수 없게 되지요.
그런데 음식의 맛을 느끼는 데는

냠냠~*
무슨 맛이지?

코도 한몫을 하고 있답니다. 음식을 먹을 때 혀로 맛만 느끼는 것이 아니라 코로 냄새도 느끼거든요. 그래서 코감기에 걸려 코가 막히면 냄새를 맡지 못하기 때문에 음식 맛을 제대로 느끼지 못하게 된답니다.

10 코딱지는 왜 생기나요?

코 안쪽 벽은 끈끈한 콧물이 적시고 있어요.
그래서 코털에 걸러진 먼지나 세균들은
우리 몸속으로 들어가지 못하고

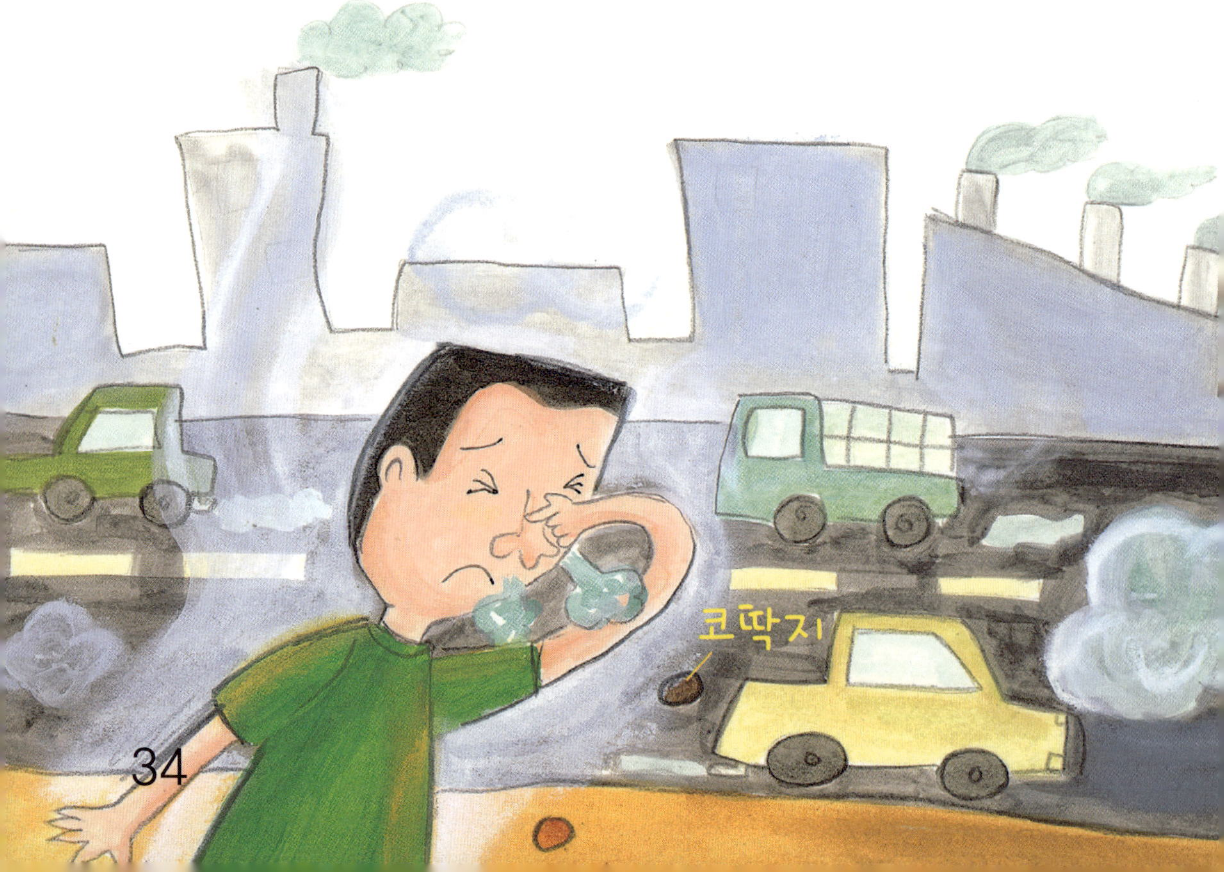

이 끈끈한 콧물에 달라붙게 돼요.
이처럼 콧물에 먼지가
달라붙고 또 달라붙어
뭉쳐진 것이 바로
코딱지예요.
코딱지는 먼지가 모인
것이므로 공기 오염이
심한 곳에서 코를
풀면 까만 코딱지가
나온답니다.

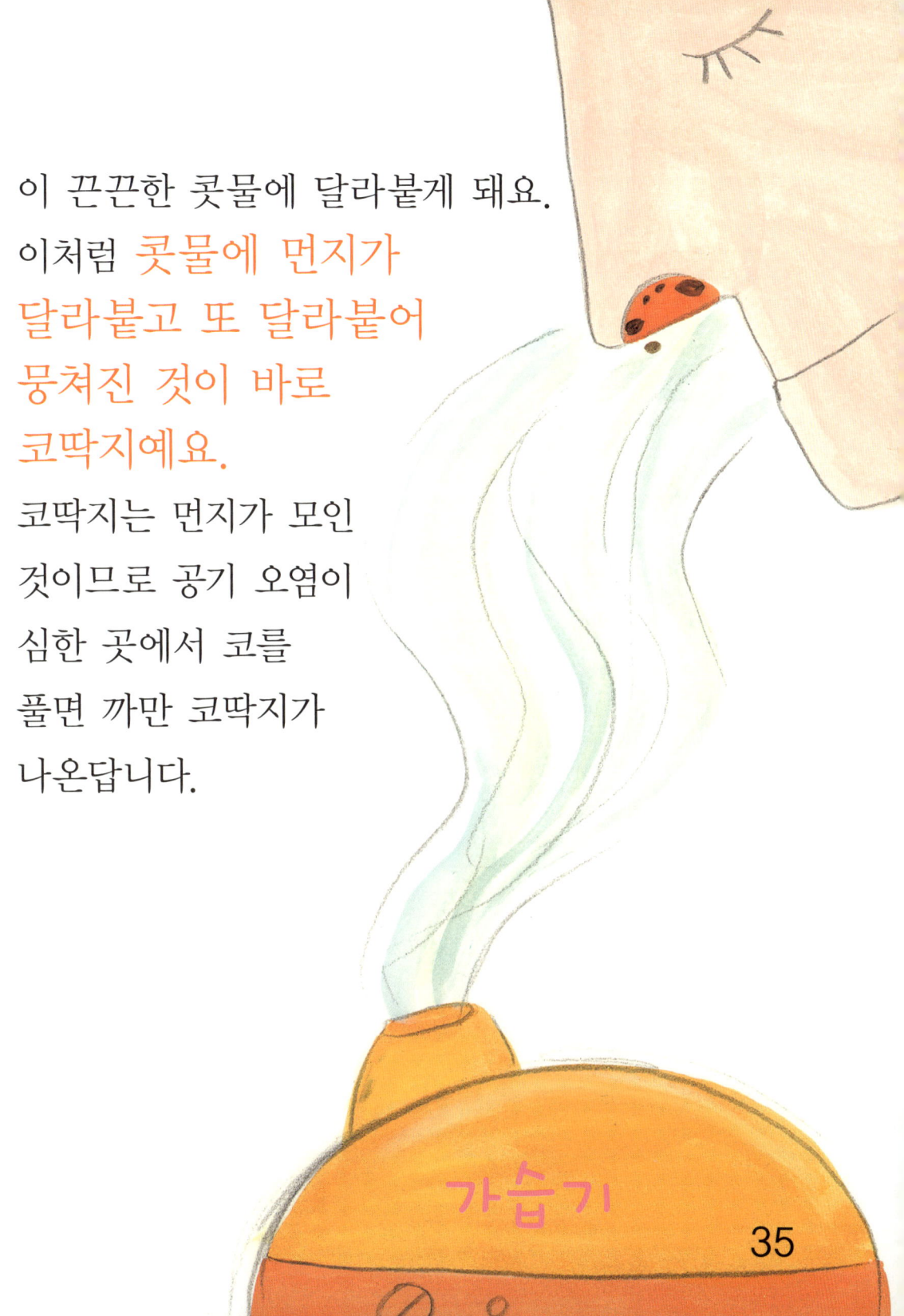

혀는 무슨 일을 하나요?

냠냠~ 음식 맛을 느끼는 일 말고도
혀가 하는 일은 많아요.
먼저 입안의 음식을 이리저리 움직여서 이가 잘 씹을 수 있도록 도와주는 일을 하고요,
잘게 부서진 음식을 침과 잘 섞어서
목구멍으로 넘기는 일을 하지요. 말을 할 때도,
노래를 부를 때도 혀의 도움을 받고요.
이게 다냐고요?
아니에요. 혀를 보면 몸의 건강 상태도
알 수 있어요.
몸이 건강할 때는 붉은색이지만,
빈혈이 있으면 붉은색이 옅어지고,

냠냠 꿀~꺽

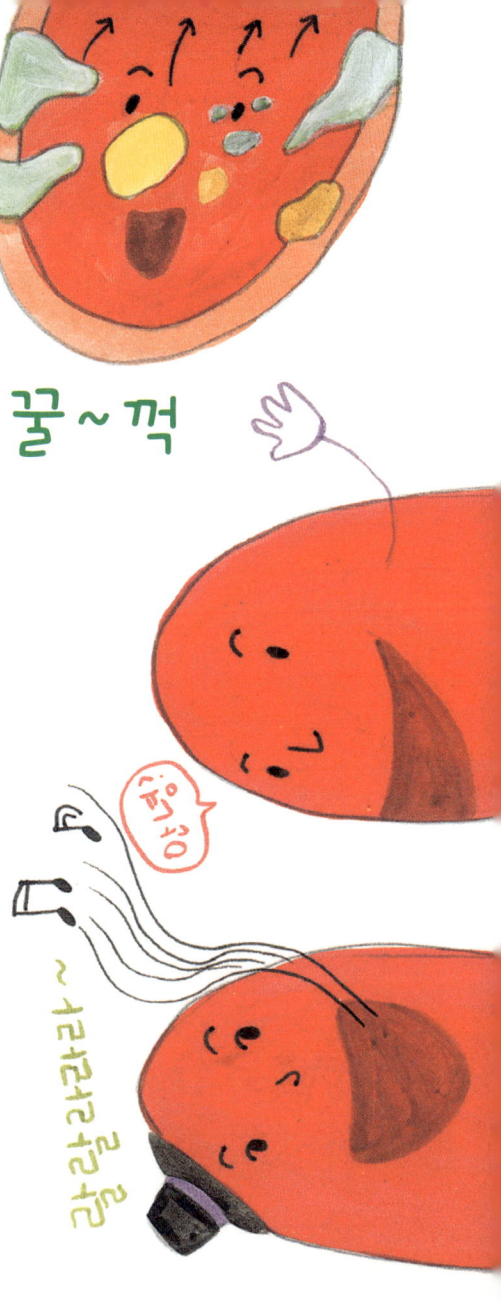

위에 이상이 생기면 혓바닥에 하얀 설태가 끼어요.
또 많이 피곤하거나 아프면 누런색으로 변한답니다.

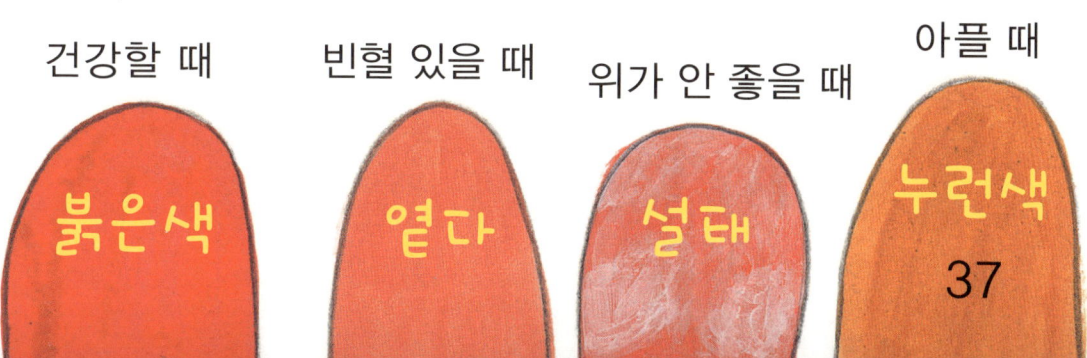

건강할 때 — 붉은색
빈혈 있을 때 — 옅다
위가 안 좋을 때 — 설태
아플 때 — 누런색

맛은 어떻게 느끼는 거예요?

맛은 혀에서 느껴요.
입을 아~ 벌리고 혀를 쭉 내밀어 보세요.
혓바닥에 오돌토돌하게 생긴 것들이 많이 있지요?
이 작은 돌기들 속에 맛을 느끼는 '미뢰'가 들어 있어요. 미뢰가 느끼는 맛은 단맛, 짠맛, 신맛, 쓴맛이에요.
그런데 혀에는 이 맛들을 느끼는 위치가 정해져 있어요.
단맛은 혀끝에서, 신맛은 혀 양옆에서, 짠맛은 단맛과 신맛을 느끼는 부분의 중간에서, 쓴맛은 혀 안쪽에서 느낀답니다.

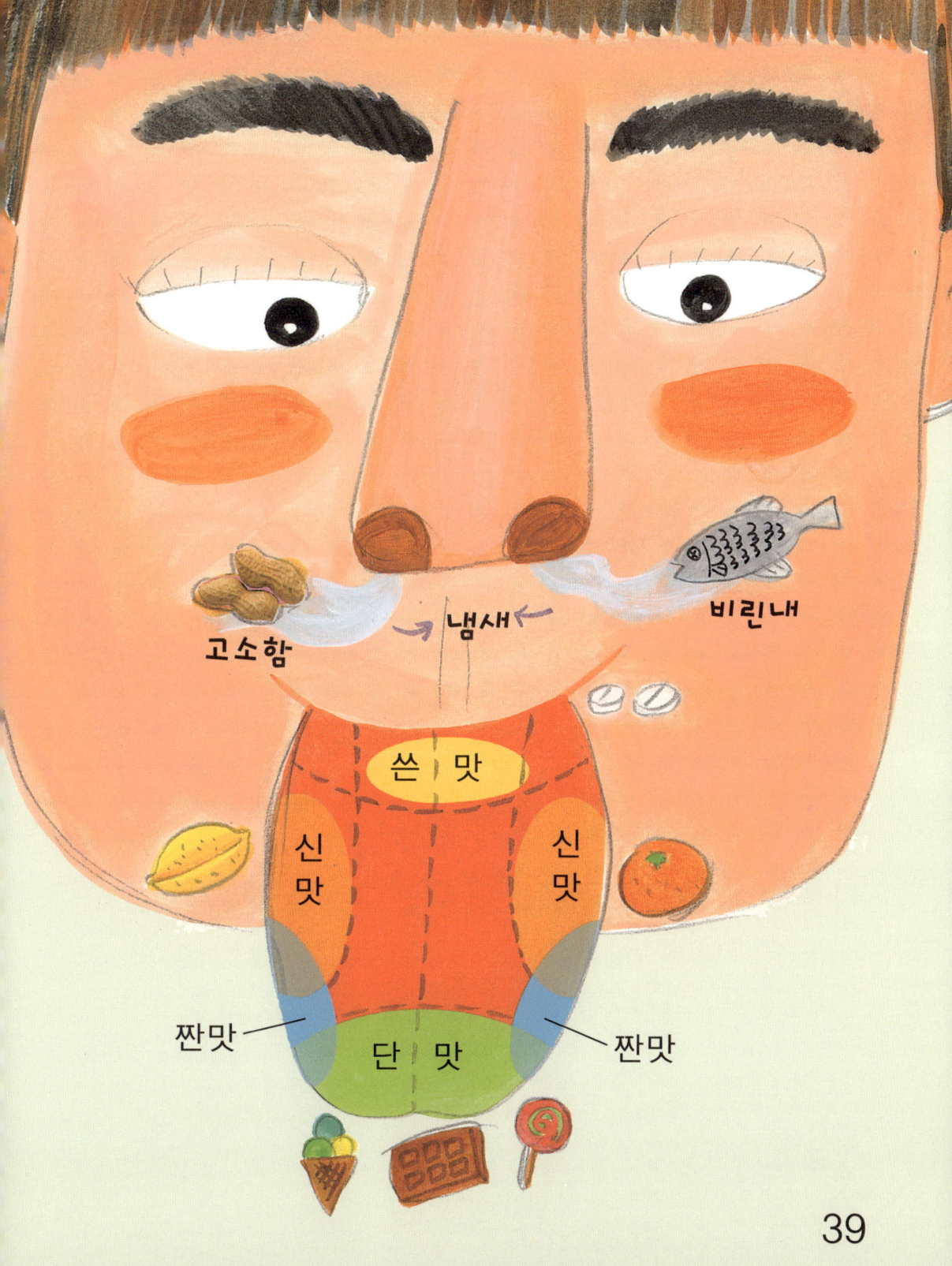

13 겨울이면 왜 입김이 나올까요?

우리 몸은 따뜻해요. 언제나 36.5도이지요.
그래서 코와 입으로 내쉬는 숨도 따뜻하답니다.
우리가 내쉬는 숨에는 눈에는 보이지 않지만
아주 작은 물방울이 들어 있어요.
물방울은 몸에서 나왔을 때 주위 온도가 높으면
공기 속에 녹아 보이지 않아요.
하지만 찬 공기를 만나면 따뜻한 공기 속에 든
작은 물방울이 순간 얼게 된답니다.
겨울날, 입과 코에서 나오는 하얀 입김은
이처럼 몸속에서 나온 따뜻한 공기 속에 든
물방울이 찬 공기를 만나 얼어서 생기는
거랍니다.

이를 잘 닦지 않으면 왜 이가 썩나요?

입속에는 세균이 살고 있어요. 세균은 채소나 과일보다는 빵이나 쌀밥, 과자, 초콜릿, 고기 같은 음식을 좋아해요. 이런 음식을 먹고 나서 얼른 이를 닦지 않으면 세균들은 이에 낀 음식 찌꺼기를 먹고 자라기 시작해요.

그리고는 단단한 이도 뚫을 수 있을 정도로 강한 힘을 갖게 되지요. 힘이 강해진 세균들은 마침내 이에 구멍을 내고, 구멍 난 이에는 또 음식 찌꺼기가 쌓이게 돼요. 힘이 강해진 세균들은 점점 이 속으로 들어가 신경이나 핏줄을 건드려 염증을 일으키는데, 이렇게 되면 무척 아프답니다.

더욱이 이가 심하게 썩으면 뽑아야 하고요.

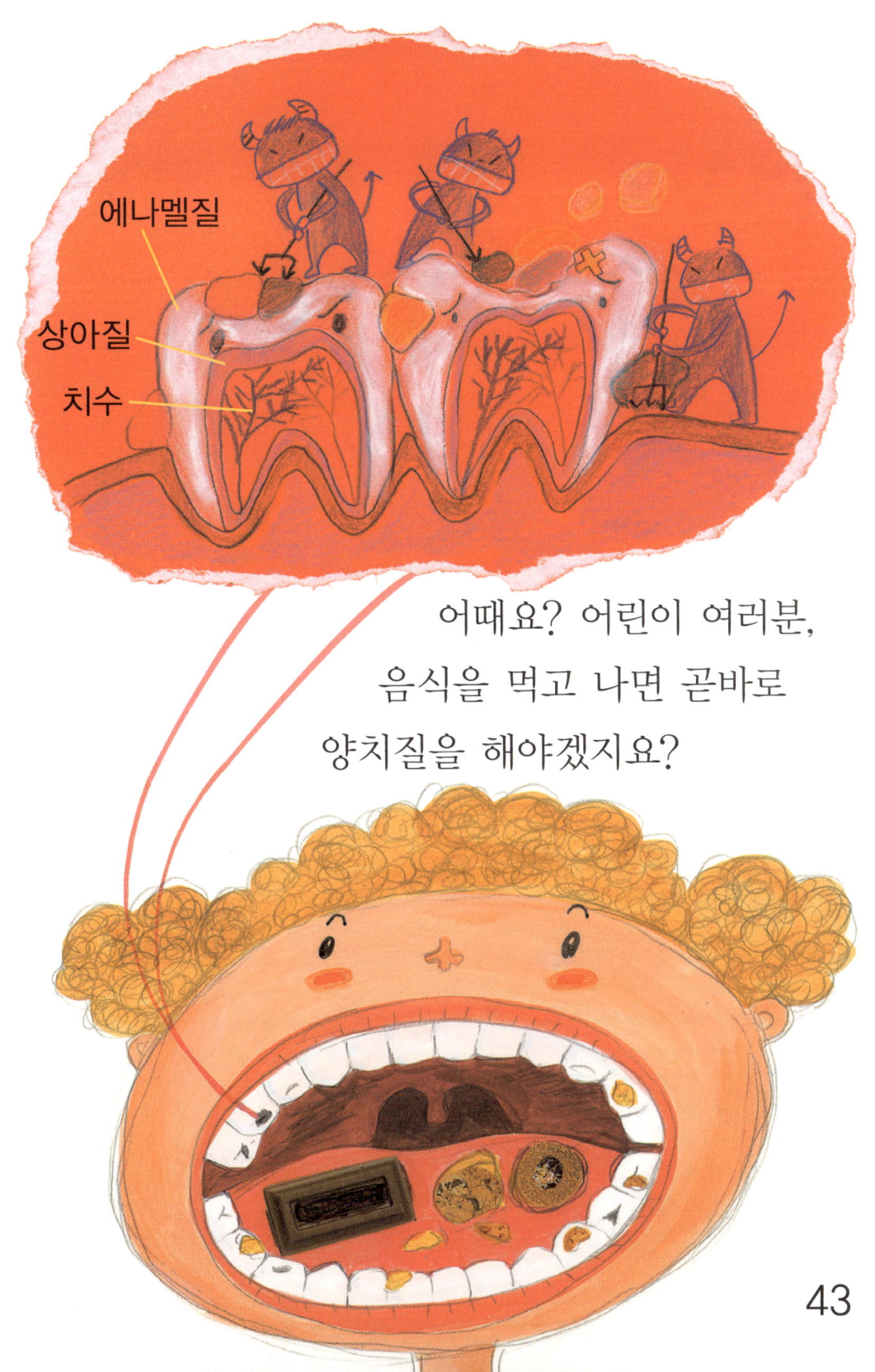

어때요? 어린이 여러분, 음식을 먹고 나면 곧바로 양치질을 해야겠지요?

침은 왜 나오나요?

침은 귀밑, 턱밑, 혀밑에 있는 침샘에서
쉬지 않고 나와요. 침은 음식물을 소화시키고,
음식 맛을 잘 느끼도록 도와주는 일을 해요.
또 씹은 음식물이 스르륵~
식도로 미끄러져 내려가도록 도와줘요.
목소리가 부드럽게 잘 나오도록 하는 일도
침이 하는 일이에요. 긴장을 해서 입안에 침이
마르면 말이 제대로 나오지 않잖아요.
이게 다가 아니에요.
침은 입안의 세균을 죽이는 일도 해요.
그러니까 침이 나온다고 뱉지 말고
삼키는 것이 건강에 좋답니다.

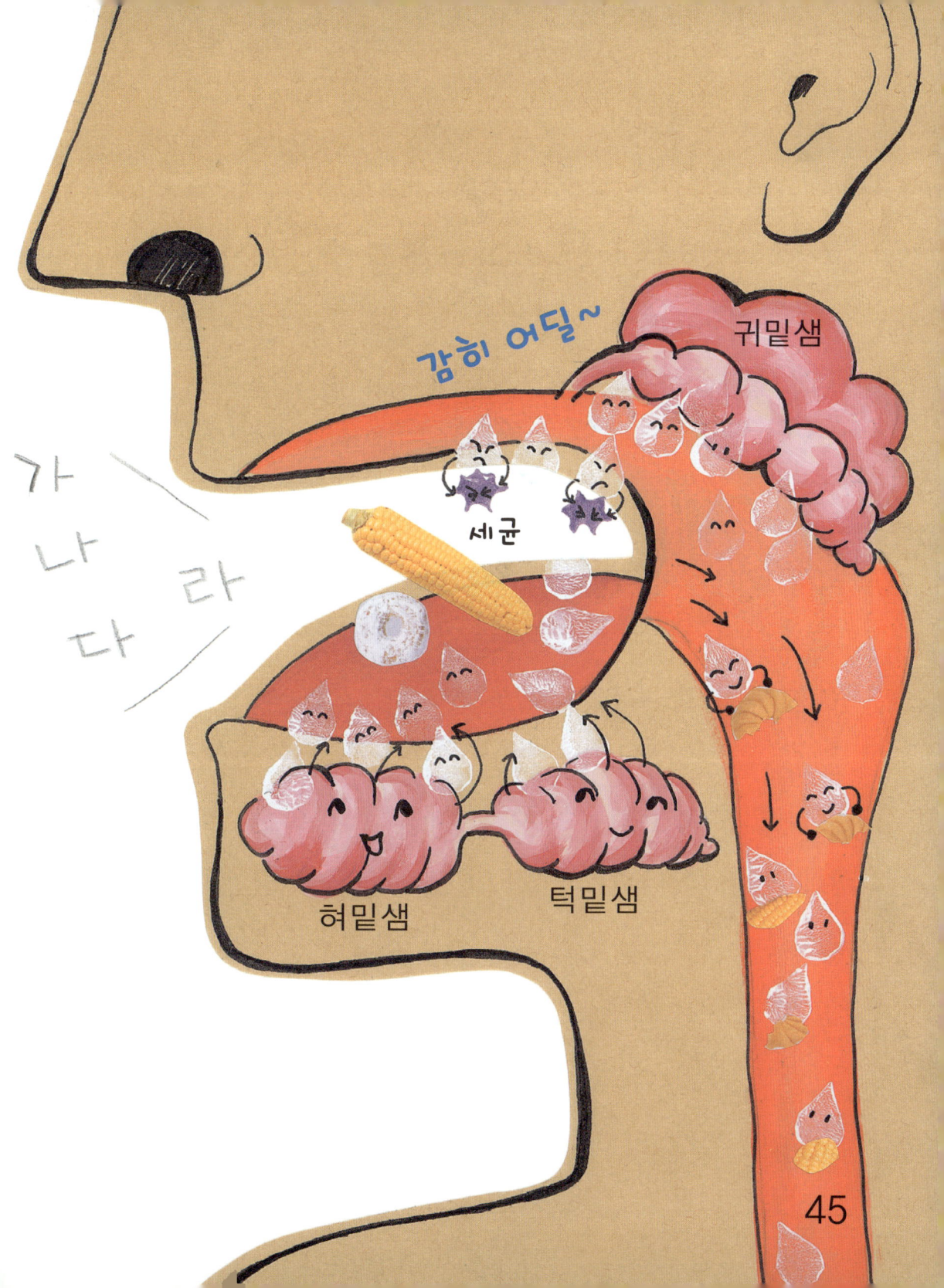

16 이가 하는 일은 뭐예요?

"음식을 씹는 일이오!" 이 대답을 끝으로 다음 장으로 넘긴다면 여러분은 호기심이 부족한 어린이예요.
이는 위아래 합해 모두 32개예요. 정면에 나 있는 4개의 이를 앞니라고 하는데, 위아래 합해 8개예요. 앞니 양옆으로 있는 뾰족한 이를 송곳니라고 하는데, 위아래 합해 4개예요.
송곳니 양옆으로는 앞어금니가 2개씩 위아래 합해 모두 8개 있고요, 양쪽 앞어금니 뒤쪽으로 뒤어금니가 3개씩 양옆, 위아래 합해 모두 12개 있어요.
앞니는 음식을 자르는 일을 하고, 송곳니는 음식을 잘게 찢어 주며, 앞어금니는 음식을 부수고, 뒤어금니는 맷돌처럼 음식을 가는 일을 한답니다.

운동을 하고 나면 왜 목이 말라요?

음식을 짜게 먹은 적 있나요?
그런 날은 어때요? 자꾸만 물이 먹고 싶었지요?
우리 몸속에는 아주 조금 소금기가
들어 있어요.
그런데 짠 음식을 먹으면 몸속에 소금기가
더 많아져요. 그러면 뇌가 얼른 물을 마셔서

몸속 소금기를 줄이라고 신호를 보낸답니다.
신호를 어떻게 보내느냐고요?
바로 목이 마른 것이지요.
운동을 하면 우리 몸속에 있던 물이 땀으로
빠져 나와요. 그러면 몸속에는 물보다 소금기가
더 많아지지요. 그러면 뇌는 얼른 물이 부족하다는
신호를 보내요. 운동을 하고 나면 목이 마른 것은
바로 이 때문이랍니다.

18 귀는 어떻게 소리를 들을 수 있나요?

"아~!"라고 소리를 지르면 공기가 빠르게 떨려요.
이것을 진동이라고 하는데,
진동은 공기를 타고 우리 귓구멍으로 들어와요.
귓구멍 안쪽 끝에는 북 가죽처럼 생긴
얇은 막이 있는데, 이것을 고막이라고 해요.
고막에 소리가 닿으면 고막이 바르르 떨려요.
그러면 귓속에 있는 뼈가 고막의 떨림을 더 크게
키워서 림프액이라는 액체가 가득 차 있는
달팽이관에 전해 주어 림프액이 흔들리게 해요.
림프액이 흔들리면 신경이 뇌에 신호를 보내
소리가 들어왔음을 알려 주어요. 그러면 뇌는
그 소리가 무슨 소리인지 알아낸답니다.

19 높은 곳에 올라가면 왜 귀가 먹먹한가요?

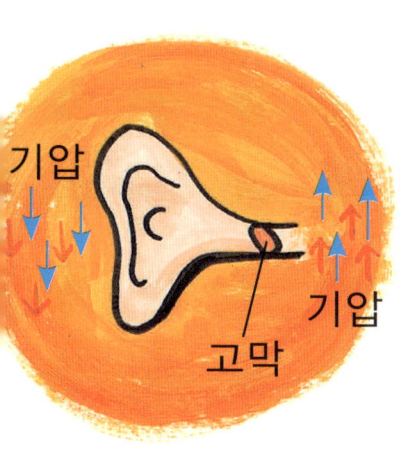

공기가 미는 힘에 변화가 생겼기 때문이에요. 공기가 미는 힘을 어려운 말로 '기압'이라고 하는데, 기압은 높은 곳으로 올라갈수록 약해져요. 평소에는 고막 안쪽의 기압과 밖의 기압이 같아요. 그런데 높은 곳으로 올라갈수록 고막 밖의 기압은 낮아지고 고막 안쪽의 기압은 더 높아지게 돼요. 그러면 귀가 먹먹해지고 소리가 잘 들리지 않게 된답니다. 비행기를 탔을 때나 높은 건물에 올라갔을 때도 이럴 수 있어요. 이때는 침을 한번 꿀꺽 삼키면 괜찮아진답니다.

멀미는 왜 하나요?

멀미는 귓속에 있는 반고리관 때문에 하는 거예요. 차를 타거나 배를 타면 몸이 흔들흔들거리지요? 그러면 귓속의 반고리관도 같이 흔들거려요. **반고리관은 우리 몸의 균형을 잡는 일을 하는데,** 차가 덜컹거리면 같이 흔들리면서 균형을 잡아요.
그런데 차나 배가 심하게 흔들리면 반고리관은 미처 균형을 잡지 못하고 계속 흔들리게 돼요.

그러면 우리 몸은 균형을 잃게 되고, 멀미를 하게 된답니다.

알쏭달쏭
소화

조물조물 위, 꼬불꼬불 창자는
무슨 일을 할까요?
똥, 오줌, 방귀는 어떻게 생길까요?
알쏭달쏭 재미있는 우리 몸의 소화 기관!

위는 무슨 일을 할까요?

냠냠 짭짭~ 맛있는 음식을 잘 씹어 꿀꺽 삼키면 음식물은 목구멍을 지나 위로 들어가요.
위는 몸속에 있는 음식 주머니로, 아주 질기고 튼튼해요. 또 주름도 많아서 음식이 많이 들어오면 크게 늘어나고, 적게 들어오면 작게 줄어든답니다.
음식이 들어오면 **위는 위액을 내어서 꿈틀꿈틀, 조물조물 음식을 주무르기 시작해요.** 그러면 걸쭉한 죽처럼 되지요.
죽이 된 음식물은 작은창자로 보내지는데, 이곳에서 우리 몸을 튼튼하게 하는

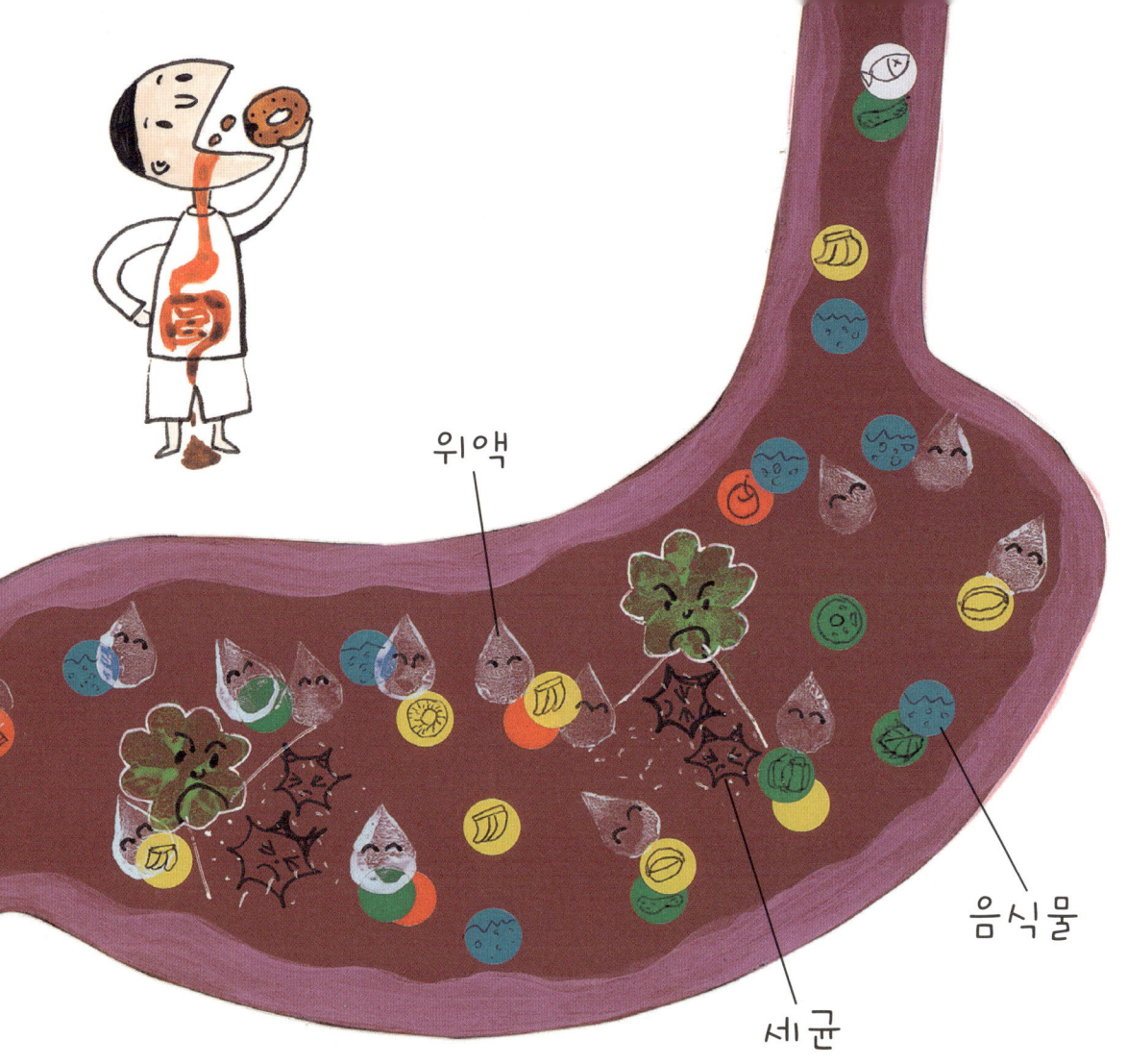

영양분을 피가 쏙쏙 뽑아 몸 구석구석으로 보낸답니다. 한마디로 위는 음식물을 죽처럼 만들어 소화되기 쉬운 상태로 만드는 일을 하지요.

22 음식물이 똥으로 나오는 데 얼마나 걸려요?

음식물이 위에 머무는 시간은 약 2~4시간 정도예요.
차갑거나 연한 음식물을 먹었을 때보다 뜨겁거나, 딱딱하거나, 튀긴 닭고기처럼 기름진 음식을 먹었을 때 더 오래 머물러요.
위에서 죽처럼 된 음식물은 작은창자로 가 영양분과 물기가 흡수되는 데 약 4~6시간이 걸리고, 큰창자로 가서 물기가 흡수되는 데는 약 9~16시간 정도 걸려요. 큰창자에까지 오면서 영양분과 물기가 모두 빠진 음식물은 찌꺼기만 남은 똥이 되어 뿌지직 항문으로 나오는데, 여기까지 걸리는 시간은 약 20~22시간 정도예요.

아하, 하루는 24시간이니까 거의 하루가 걸리는 셈이네요.

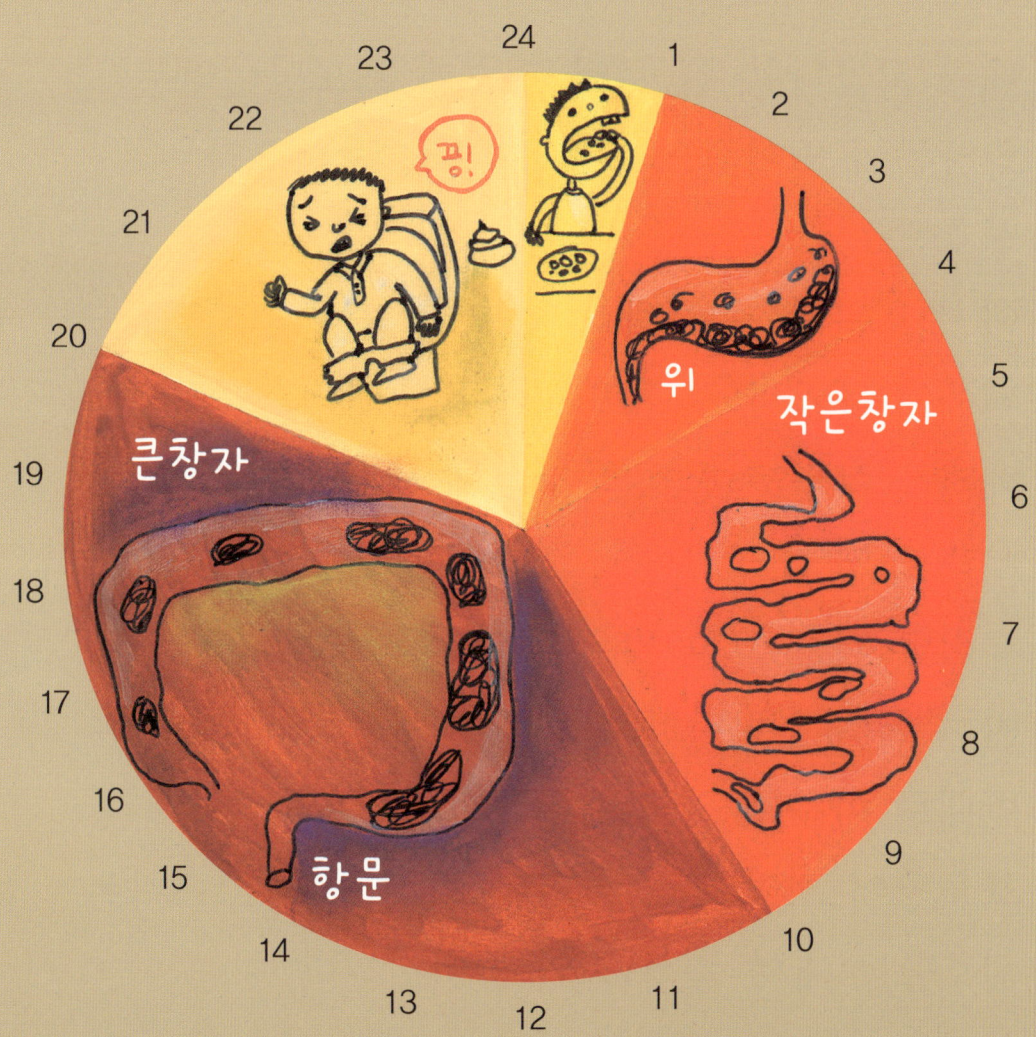

23 배는 왜 고파지나요?

배가 고프다는 건 우리 핏속에 포도당이라는 영양분이 떨어졌으니 빨리 음식을 먹으라는 신호예요.
이 신호는 누가 보낼까요? 바로 뇌예요.
뇌에는 배가 부르다고 신호를 보내는 부분과 배가 고프다고 신호를 보내는 부분이 있어요.
우리가 밥을 먹으면 핏속에 포도당이 많아져요.
그러면 뇌는 그만 먹으라고 신호를 보내요.
바로 배가 부르다고 신호를 보내는 것이지요.
반대로 아무것도 먹지 않으면 핏속에 포도당이 적어져요. 그러면 뇌는 배가 고프다는 신호를 보내서 음식을 먹게 한답니다.

밥을 먹고 달리면 왜 배가 아픈가요?

음식을 소화시키려면 위에 많은 피가 필요해요. 위에 피를 전해 주는 것은 위 왼쪽 뒤에 있는 지라예요. 밥을 먹고 바로 달리기를 하면 지라는 음식을 소화시키도록 위에 피를 보내 주고, 동시에 운동을 하는 다리, 팔 등에도 피를 보내 주어야 해요.
지라가 위에 피를 보낼 때는 모양이 오그라들어요. 그런데 운동을 하는 다른 곳에도 동시에 피를

보낼 때는 더욱더 심하게 오그라든답니다.
바로 이 때문에 배가 아픈 거예요.

배가 부르면 왜 졸음이 쏟아질까요?

점심을 배부르게 먹고 났더니 졸음이
쏟아진다고요? 그럴 수밖에요.
음식물을 소화시키려면 많은 피가
필요한데, 우리 몸에서
음식물을 소화시키는 곳은
한 군데가 아니거든요.
바로 위와 창자 두 군데이지요.
이곳으로 많은 피가
몰리다 보니까 뇌는 피가
부족해 피곤하고 졸리게
되는 거예요.

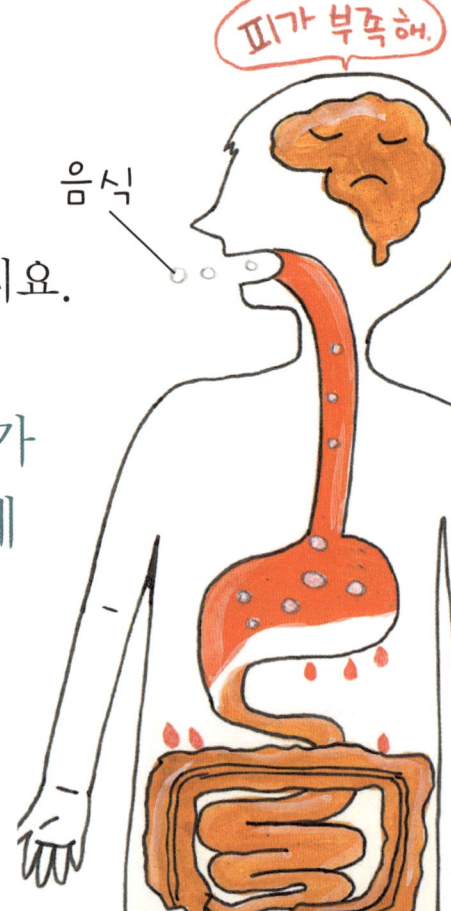

26 트림은 왜 나오나요?

"꺼어억~"
트림은 위 속에 들어 있던 공기가 입 밖으로 나오는 소리예요.
우리가 음식을 먹을 때는 공기도 함께 위 속으로 들어가요.

또 음식물이 소화될 때도 공기가 생기고요.
특히 콜라, 사이다 같은 탄산 음료는
공기 방울이 많이 들어 있어서 이들 음료를 마시면
위에 금방 공기가 가득 찬답니다.
이렇게 차오른 공기는 위의 윗부분에 떠 있다가
식도를 따라 거꾸로 올라와 입으로 나와요.
바로 트림이지요.

딸꾹질은 왜 하나요?

우리가 숨을 쉬면 공기가 허파로 들어가요.
허파 아래에는 횡격막이라는 근육이 있는데,
숨을 들이쉬면 아래로 내려가고,
내쉬면 위로 올라간답니다.
그런데 너무 긴장을 하거나, 음식을 급하게
먹거나, 추위를 느끼면 횡격막이 갑자기
오그라들어요.

아~추워.

딸~꾹

그러면 목에 있는
성대가 닫히면서 성대로
들어오는 공기가 막혀
"딸꾹!" 하고 소리가 나게 된답니다.
딸꾹질을 멈추게 하려면 찬물을 마시거나,
잠시 숨을 멈추거나, 깜짝 놀라게 하면 돼요

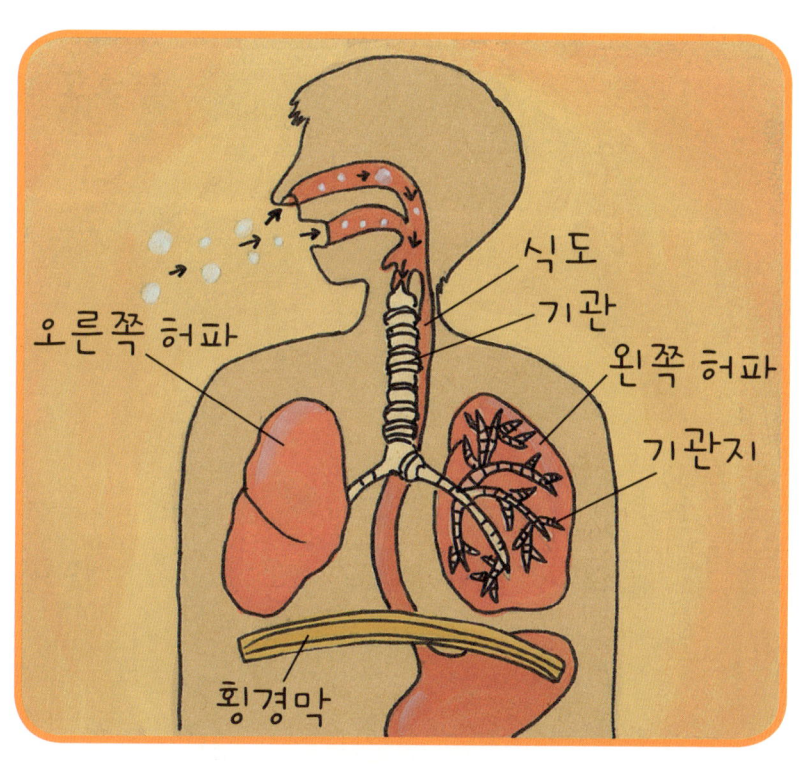

28 오줌은 왜 나올까요?

횡격막 아래 등쪽으로 왼쪽 오른쪽 한 개씩 콩팥이 있어요. 콩팥은 생김새가 강낭콩처럼 생겨서 붙여진 이름이에요.
콩팥은 핏속에서 우리 몸에 필요한 영양분을 골라내고, 필요 없는 찌꺼기와 몸속에 남아 도는 물을 오줌으로 만드는 일을 해요.
오줌은 조금씩 조금씩 배꼽 아래쪽에 있는 방광이라고 하는 오줌통으로 보내지는데, 어느 순간 이곳이 꽉 차면 뇌는 오줌을 누라고 신호를 보낸답니다. 그러면 우리는 "아이고, 소변!"을 외치며

화장실로 달려가지요.

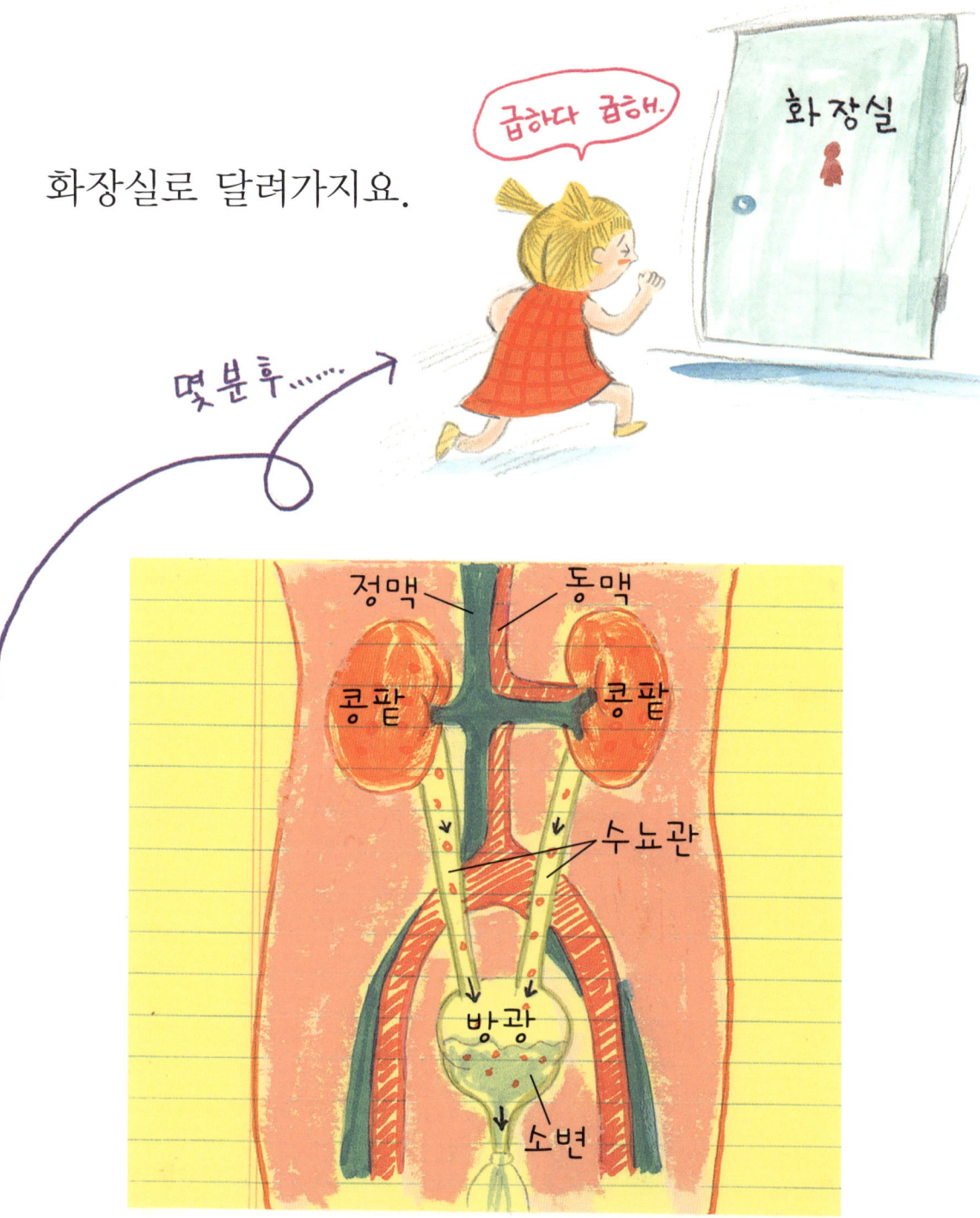

추우면 왜 오줌이 더 자주 마렵나요?

오줌의 양이 많아지고 적어지는 것은 콩팥이 우리 몸에 필요한 물의 양을 조절하기 때문이에요. 더운 여름에는 땀을 많이 흘려요. 땀으로 몸속 물이 빠져나가기 때문에 콩팥은

아 ~ 더워.

오줌을 적게 만들어 몸속 물이
부족하지 않도록 해요.
하지만 겨울에는 거의 땀을 흘리지 않아요.
그러면 몸속에 물의 양이 많아지기 때문에,
콩팥은 자주 오줌으로 물을 내보내
몸속 물의 양을 조절한답니다.
추우면 오줌이 자주 마려운 까닭, 이제 알았지요?

30 똥은 왜 마려울까요?

아침밥을 먹고 나거나 저녁에 밥을 푸짐히 먹고 나면 똥이 마렵지요? 그건 지금 먹은 밥이 소화되어서 나오는 게 아니에요.
우리가 음식을 먹으면 위가 음식을 주물럭주물럭 죽을 만들어 작은창자로 보내고, 다시 큰창자로 보내 소화가 다 되기까지 꼬박 하루가 걸린답니다.
소화가 다 된 음식물은 찌꺼기만 남아 큰창자 끄트머리인 직장에 모여 있게 되는데, 이것이 바로 똥이에요.
음식을 먹으면 소화를 위해 창자들이 꿈틀꿈틀 움직이는데, 이 운동으로 똥이 모여 있는 직장이 건드려져 똥이 마려운 거랍니다.

31 뿌지직, 설사는 왜 하나요?

배가 살살 아프고, 꾸룩꾸룩
소리가 나며, 이마에서는
식은땀이 줄줄……. 아하, 설사군요.
설사는 상한 음식이나 찬 음식, 기름에 튀긴
음식을 많이 먹었을 때 생긴답니다.
우리가 음식을 먹으면 작은창자와 큰창자에서
수분을 흡수해요. 그런데 상해서 세균이

득실거리는 음식이나, 기름기가 많은
음식은 창자에서 수분을 흡수하지 못해요.
또 찬 음식이나 음료는 창자의 운동을 너무
활발하게 하기 때문에 수분을 흡수할 틈을
주지 않지요. 그래서 물이 많이 섞여 있는 변인
설사를 내보내게 된답니다.
설사를 하면, 우리 몸에
중요한 전해질이라는 물질과
많은 양의 물이 한꺼번에
나오기 때문에 몸에
기운이 쭉 빠진답니다.

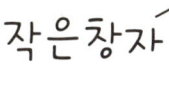

작은창자

큰창자

똥 색깔로 건강을 알 수 있나요?

그럼요. 냄새나는 똥이라고 우습게 여기면 안 돼요. 똥 색깔이 갈색이면서 끊어지지 않고 바나나처럼 길쭉하게 나온다면 건강하다는 신호예요. 이러한 모양과 색깔의 똥을 누는 것이 가장 좋답니다.

건강한 똥　　　장이 안 좋을 때

그런데 똥이 토끼 똥처럼 조그맣고 단단하면
장이 안 좋다는 신호예요. 또 진흙 모양이면서
검은색이면 위가 안 좋다는 신호이지요.
물에 가라앉지 않고 둥둥 뜨는 똥은
소화가 안 되어서 지방이 많다는 신호이고요,
물처럼 묽고 붉은색의 설사를 하면 식중독이나
이질에 걸렸다는 신호랍니다.

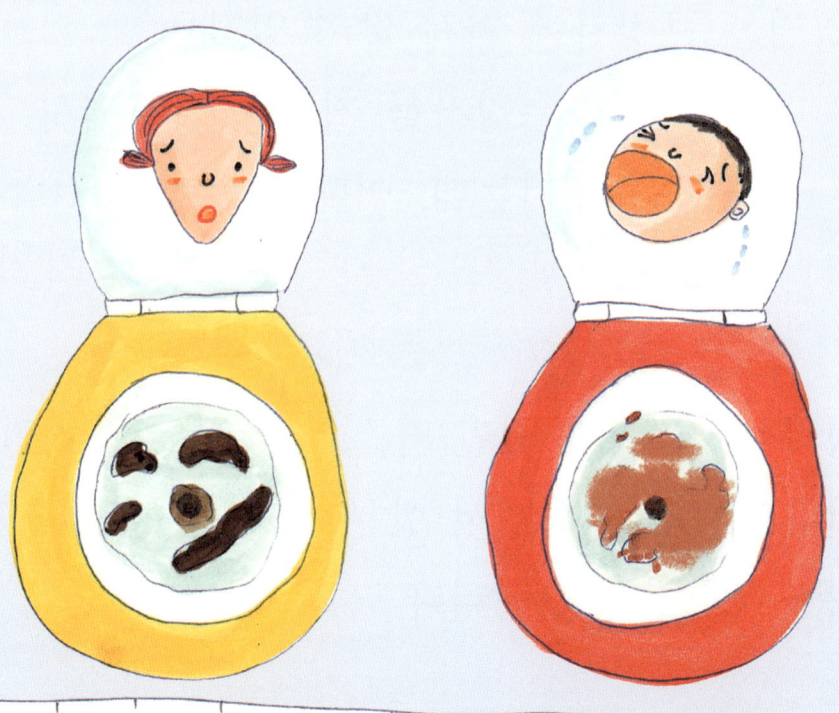

위가 안 좋을 때   이질·식중독

33 뿌웅, 방귀는 왜 뀌나요?

"으악~ 냄새! 누구야? 누가 똥방귀를 뀐 거야?"
헤헤 어느 친구가 시원하게 가스를 내뿜었군요.
방귀는 큰창자에서 만들어져요.
우리는 음식을 먹으면서 공기도 함께 먹어요.
이 공기는 큰창자에 가서 쌓여 있지요.
먹은 음식물은 작은창자를 거쳐 큰창자에서
마무리 소화를 시키는데, 이때 가스가 생긴답니다.
방귀는 이렇게 **우리가 삼킨 공기와 큰창자에서 생긴 가스가 섞여 만들어져요.**
큰창자에 가득 차 있던 가스는 항문으로 자연스럽게
빠져나오는데, 나오면서 항문 근육을 건드리면
"뿌웅~" 소리가 난답니다.

방귀는 왜 냄새가 나나요?

방귀가 냄새나는 것은 큰창자에서 생긴
가스에 메탄가스가 들어 있기 때문이에요.
메탄가스는 무척이나 지독한 냄새가 나는 가스예요.
방귀는 어떤 음식을 먹었느냐에 따라 냄새가
달라요. 고구마나 밤, 콩, 고기, 우유와 같은 음식을
먹으면 가스가 많이 생겨 냄새가 고약하고요,

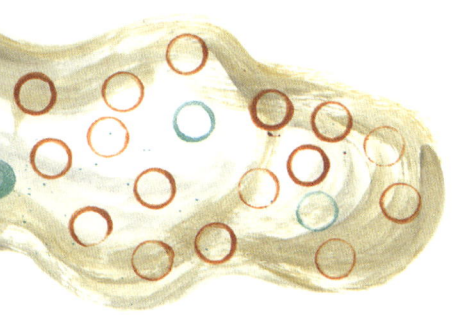

쌀밥이나 과일, 채소와 같은 음식을 먹으면 냄새가 거의 나지 않아요.

그럼, 소리가 작은 방귀와 큰 방귀 중 어느 것이 더 냄새가 지독할까요? 그건 방귀에 가스가 많느냐, 공기가 많느냐에 따라 달라요. 공기가 많이 섞여 있으면 냄새가 덜 나고, 가스가 많이 섞여 있으면 냄새가 심하답니다. 냄새와 소리 크기는 아무 상관이 없어요.

35 방귀를 참으면 어떻게 될까요?

방귀가 나오려는 순간 항문에 힘을 꽉 주면 방귀가 사라져요. 이 방귀는 어디로 갈까요? 사라진 방귀는 작은창자로 가 핏속으로 들어간답니다. 그러고는 피를 따라 온몸을 돌아다니다가 일부분은 오줌으로 나오고, 나머지는 똥으로 나온답니다.

그렇다고 해서 매번 참는 것은 좋지 않아요. 방귀는 여러 종류의 가스로 이루어져 있는데, 너무 많은 가스가 핏속에 들어가 피를 더럽히면, 우리 몸은 세균에 맞서는 힘이 떨어질 수 있답니다. 그러니 방귀가 나올 때는 주저하지 말고 시원하게 뀌는 것이 좋아요.

알쏭달쏭
피·호흡·신경 순환

피는 왜 빨갈까?
심장은 왜 쉬지 않고 콩닥거릴까?
잠을 안 자면 어떻게 될까?
알쏭달쏭 우리 몸!
피와 호흡, 신경 순환에 대해 알아보아요!

36 피는 어디에서 만들어지나요?

피가 만들어지는 곳은 태아일 때와 태어난 뒤가 달라요. 엄마 뱃속에 있을 때는 간, 지라, 편도선 등에서 피가 만들어지지만, 태어난 뒤에는 가슴뼈, 등뼈, 골반뼈 등의 골수에서만 만들어져요. 골수는 뼈 사이의 빈 공간을 채우고 있는 부드러운 조직인데, 여기서 많은 피를 만들어 낸답니다.
몸속에 들어 있는 피의 양은 4~6리터 정도예요. 물을 많이 마시거나, 상처가 나 피를 흘리더라도 양은 늘 똑같지요. 피가 부족하지도 많지도 않도록 우리 몸 스스로 조절을 하거든요.
하지만 상처가 커서 전체 피의 3분의 1 이상을 흘리면 목숨을 잃을 수도 있답니다.

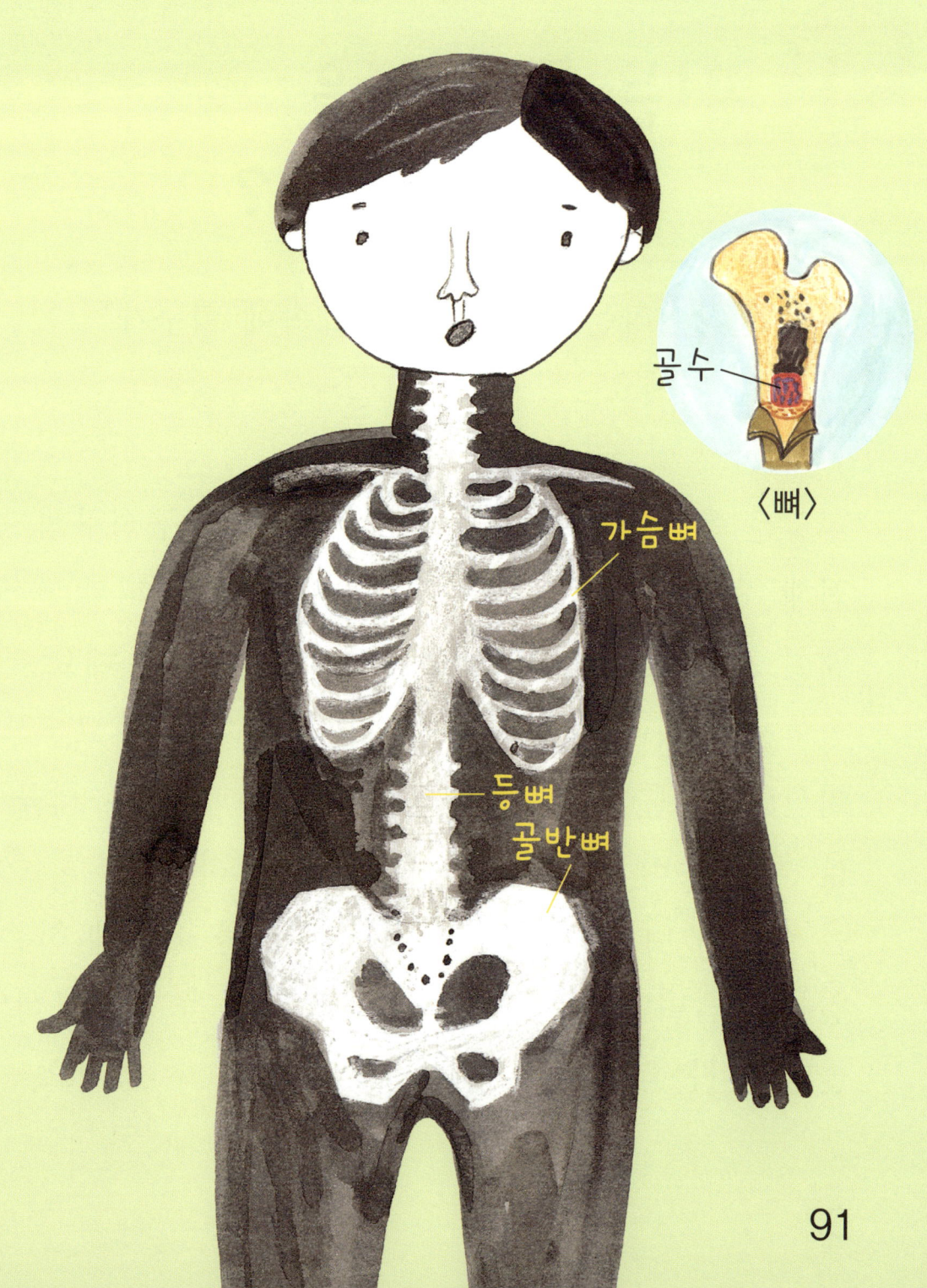

37 피는 무슨 일을 하나요?

피는 혈장이라는 노랗고 맑은 물속에 혈구가 떠 있는 거예요. 혈구는 적혈구, 백혈구, 혈소판으로 이루어져 있어요.
혈장은 음식물에서 얻은 영양분을 온몸 구석구석 전해 주고, 필요 없는 찌꺼기는 신장이나, 피부, 배설 기관 등을 통해 밖으로 내보내는 일을 해요. 적혈구는 허파로 들어온 산소를 온몸에 나르고, 이산화탄소를 허파로 내보낸답니다. 백혈구는 세균을 죽여 우리 몸에 병이 생기지 않게 하고요. 혈소판은 상처가 나면 피를 굳게 해서 상처를 아물게 하는 일을 한답니다. 잠시도 쉬지 않고 온몸을 구석구석 돌아다니는 피! 피가 없다면 우리는 살 수 없어요.

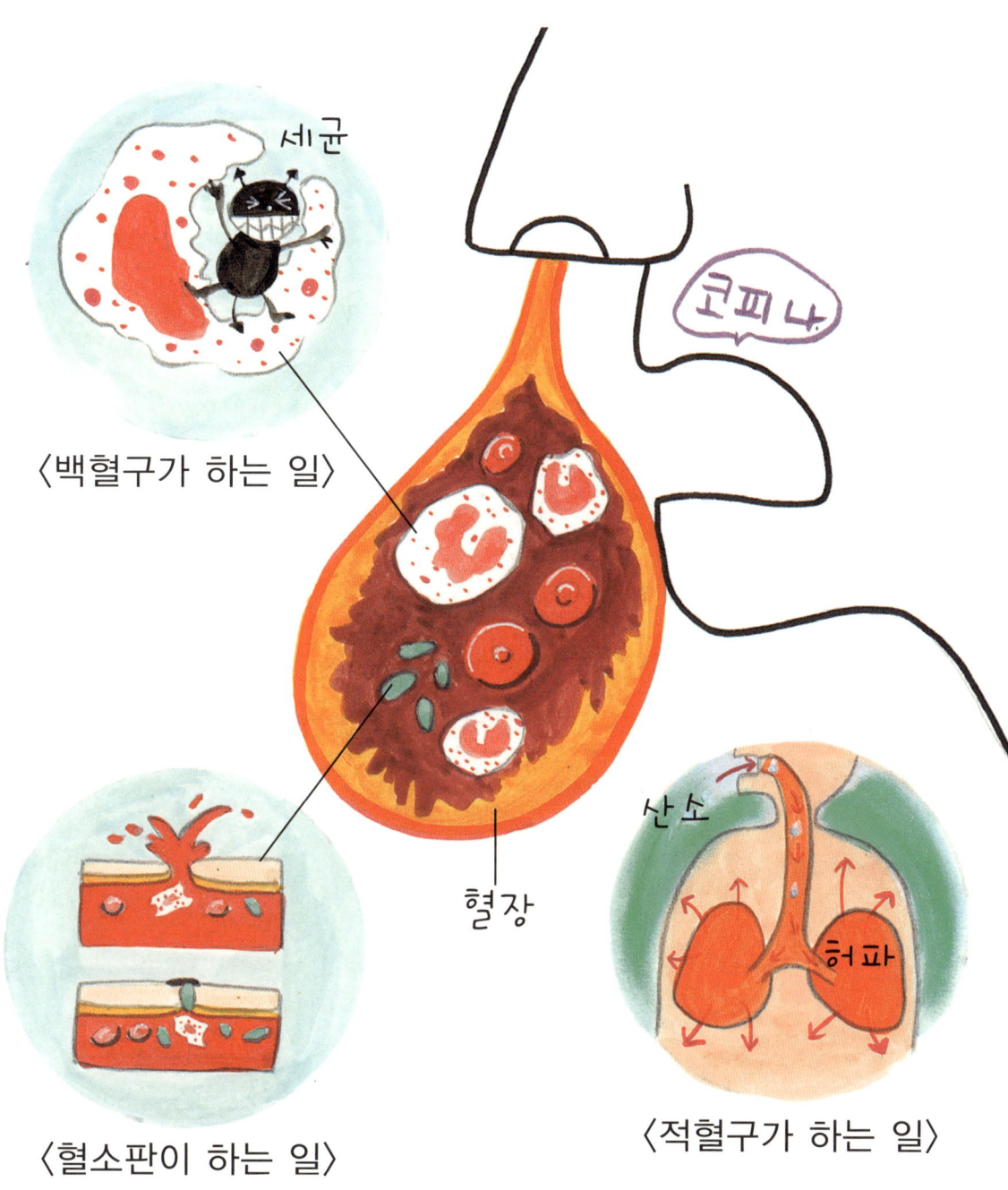

38 피는 왜 색이 빨개요?

피가 빨간 것은 **적혈구 속에 헤모글로빈이 있기 때문이에요.**
헤모글로빈은 산소를 온몸에 나르는 일을 하는데, 헤모글로빈에 들어 있는 붉은 색소가 산소를 만나면 더욱 색이 진해져 짙은 붉은색이 된답니다.

헤모글로빈
적혈구 + 산소 =

참, 사자, 호랑이, 개 등의 동물은
피가 빨갛지만, 곤충이나 거미, 게는
적혈구가 없어서 피가 파랗답니다.

39 피는 빨간색인데 핏줄은 왜 파란색이에요?

피는 혈관이라고 하는 핏줄을 통해 흘러요.
핏줄은 동맥과 정맥 두 가지가 있는데,
동맥은 피가 심장에서 온몸으로 나가는 핏줄이고,
정맥은 온몸으로 나간 피가 이산화탄소와 찌꺼기를
가지고 다시 심장으로 들어오는 핏줄이에요.
심장에서 나가는 피는 산소가 들어 있어
붉은색을 띠고, 심장으로 들어오는 피는
이산화탄소가 들어 있어 검붉은 색을 띠어요.
그런데 핏줄이 파랗게 보이는 것은 심장으로
들어오는 검붉은 피가 피부를 통해서 보이기
때문이에요. 정맥은 피부 바로 밑에 있어서 파랗게
보이지만, 동맥은 피부 깊숙이 있어서 볼 수 없답니다.

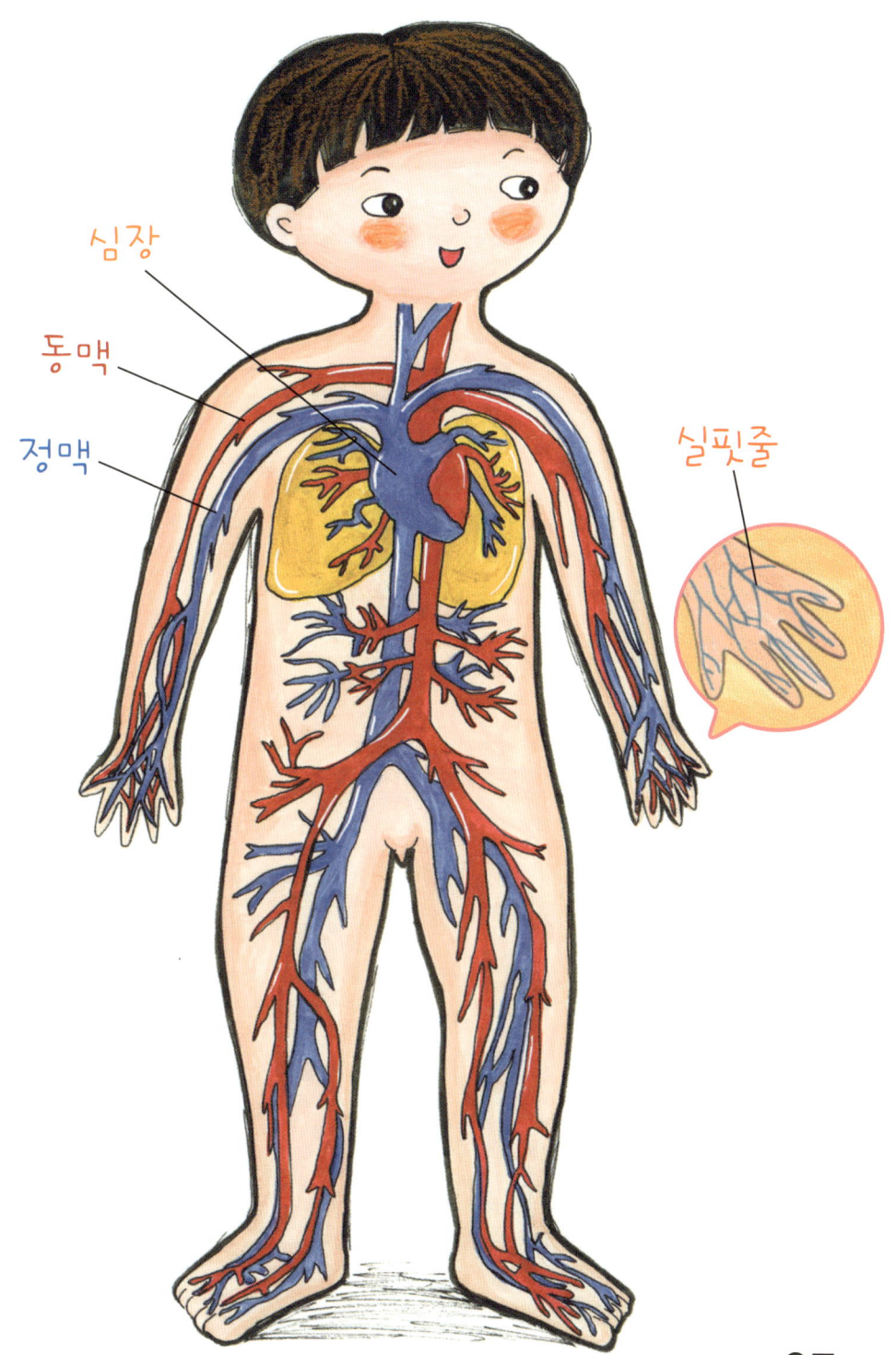

입술 색으로 건강을 알 수 있나요?

입술은 무척이나 얇은 피부로 이루어져 있어요. 입술에는 가는 실핏줄이 모여 있는데 피부가 워낙 얇다 보니 붉은 실핏줄이 비쳐 보여 빨갛게 보이는 거예요.

핏속에는 헤모글로빈이라는 붉은 색소가 들어 있는데 이 붉은 색소가 핏속에 있는 산소와 만나면 더욱 붉어져요.

그래서 건강한 입술은 빨갛게 보인답니다. 그런데 추울 때는 몸의 열을 밖으로 빼앗기지 않으려 피부에 있는 핏줄을

오그라뜨려 피가 천천히 지나가도록 해요.
그러면 핏속에 산소가 부족해져 입술이 파랗게
보인답니다.
또 입술이 보랏빛일 때도 있는데, 빈혈로 핏속에
산소가 부족하다는 신호예요. 입술 색으로
건강도 알 수 있다니 참 신기하지요?

혈액형이 뭐예요?

혈액형은 피를 몇 가지 종류로 나눈 것을 말해요. 보통 A형, B형, O형, AB형으로 나누어요. 혈장에 다른 사람의 혈구를 섞어서 혈구가 엉겨서 덩어리가 되는 경우와 그렇지 않은 경우를 보고 나누는 방법이에요.

A형　　B형　　O형

혈액형을 나눠 놓으면 수혈을 할 때 안전해요. 피를 주는 사람과 받는 사람의 피가 같아야 하거든요. 그렇지 않으면 피가 굳어져서 목숨을 잃게 된답니다.

A형은 A형과 AB형에게만, B형은 B형과 AB형에게만, AB형은 AB형에게만 피를 줄 수 있어요. 하지만 O형은 모든 사람에게 피를 줄 수 있답니다.

42 코피는 왜 나나요?

코피는 콧속에 있는 가는 핏줄이 터져서 나는 거예요.

콧속에는 아주 가는 실핏줄이 퍼져 있는데, 이 실핏줄은 무척 예민해서 코를 세게 풀거나, 몹시 피곤하거나, 감기로 코를 자주 풀면 쉽게 터진답니다.
특히 날이 더운 여름에는 실핏줄이 부어올라 작은 충격에도 쉽게 터져 버리지요.
아, 참. 코딱지를 파다 콧속을 세게 건드려도 실핏줄이 터져 코피가 날 수 있으니 조심하세요.

상처가 났을 때 피는 어떻게 멈춰요?

"으악~ 칼로 손을 베었어요! 피 나요!"
걱정하지 마세요.
핏속에 있는 혈소판들이 상처 난 곳으로 달려와 서로 꽁꽁 엉겨 붙어 피를 굳게 만들어 줄 테니까요.
이 핏덩어리가 상처 난 곳을 막아 주기 때문에 피는 더 이상 흘러나오지 않는답니다.
핏덩어리는 단단하게 굳어서 딱지가 되지요.
딱지 밑에서 새살이 솔솔 돋아나면 딱지는 저절로 똑 떨어져요.

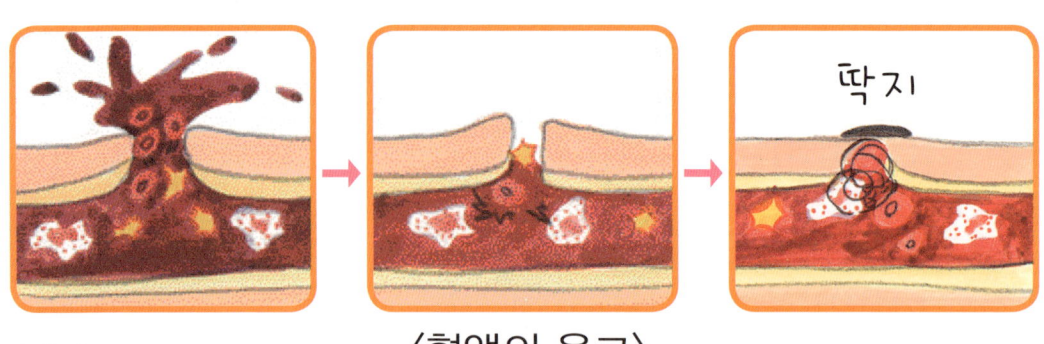

〈혈액의 응고〉

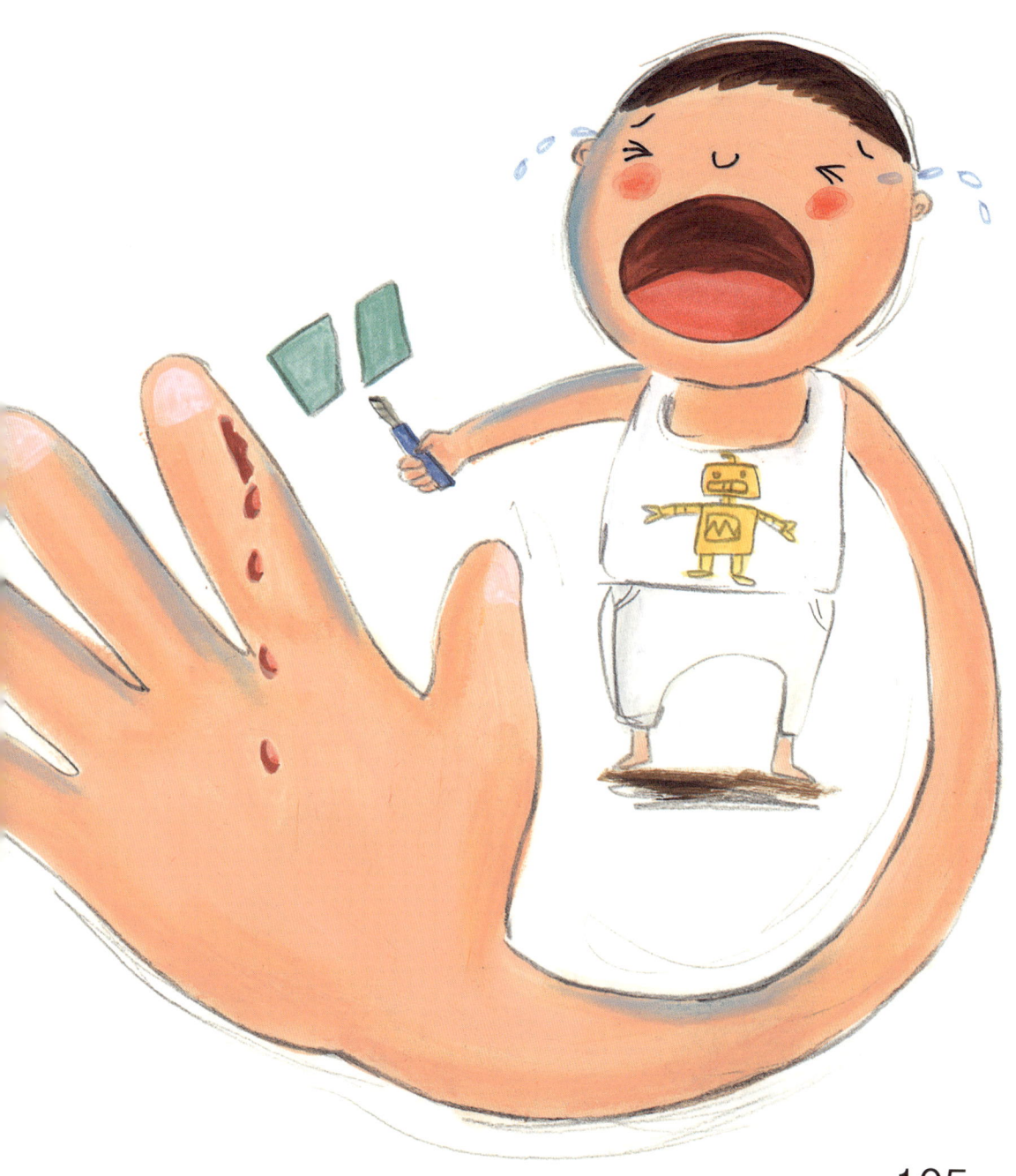

44 감기는 왜 걸릴까요?

감기는 누구나 쉽게 걸리는 흔한 질병이에요.
감기를 일으키는 나쁜 균은 200가지가 넘는데,
공기 중에 작은 물방울을 통해 떠다니지요.
그러다가 감기에 걸린 사람이 숨을 쉴 때
감기에 걸리지 않은 사람이 함께 숨을 쉬면

그 사람에게 감기를 옮긴답니다.
감기 균은 처음에는 목구멍에 자리 잡고
있다가 갑자기 춥거나, 덥거나,
또는 피곤할 때 우리 몸을 공격해요.
감기에 걸리면 처음에는 콧속이 마르고 목이
간지러워요. 그 다음에는 콧물이 나기 시작하지요.
더 심해지면 열과 기침이 난답니다.

외출했다 돌아왔을 때 손을
씻으면 감기를 예방할 수 있어요.

손을 씻지 않으면
감기에 걸릴 수 있어요.

감기에 걸리면 왜 몸에 열이 나나요?

감기에 걸리면 몸이 펄펄 끓는 것처럼 열이 나요.
이것은 백혈구가 많이많이 생기고 있기 때문이에요.
백혈구가 생길 때 열이 나거든요. 백혈구는
핏속의 세균을 죽이는 일을 한다고 했지요?
백혈구가 감기 바이러스를 죽이려고
많이 생기다 보니 몸에서 열이 나는 거예요.
그러니까 억지로 열 내리는 약을 먹기보다는
찬 얼음주머니를 이마에 얹어 두거나
찬 물수건으로 손발을 닦는 게 좋아요.
열이 많이 나면 몸에 수분이 부족해지기 쉬우므로,
보리차나 주스 등을 먹어 수분을 보충해야 한답니다.

숨을 들이쉬면 공기는 어디로 가나요?

코나 입으로 숨을 쉬면 공기는 목구멍을 지나 가슴 양쪽에 있는 허파로 들어가요. 허파는 공기에서 산소를 흡수하여 온몸으로 보내고, 공기 찌꺼기인 이산화탄소를 걸러내지요. 걸러낸 이산화탄소는 우리가 숨을 내쉴 때 몸 밖으로 나온답니다.

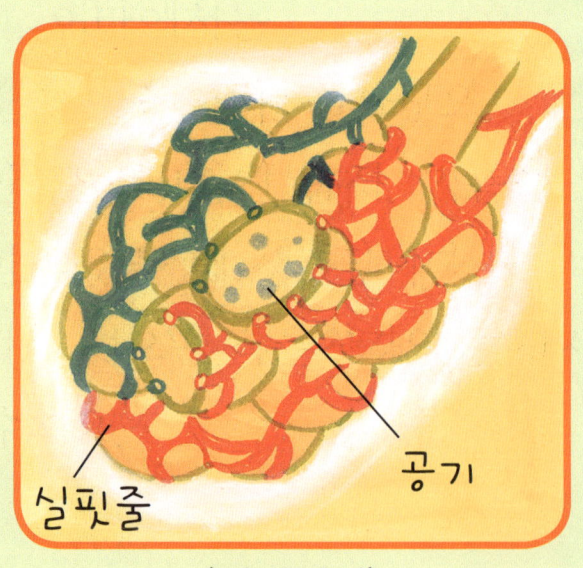

〈허파꽈리〉

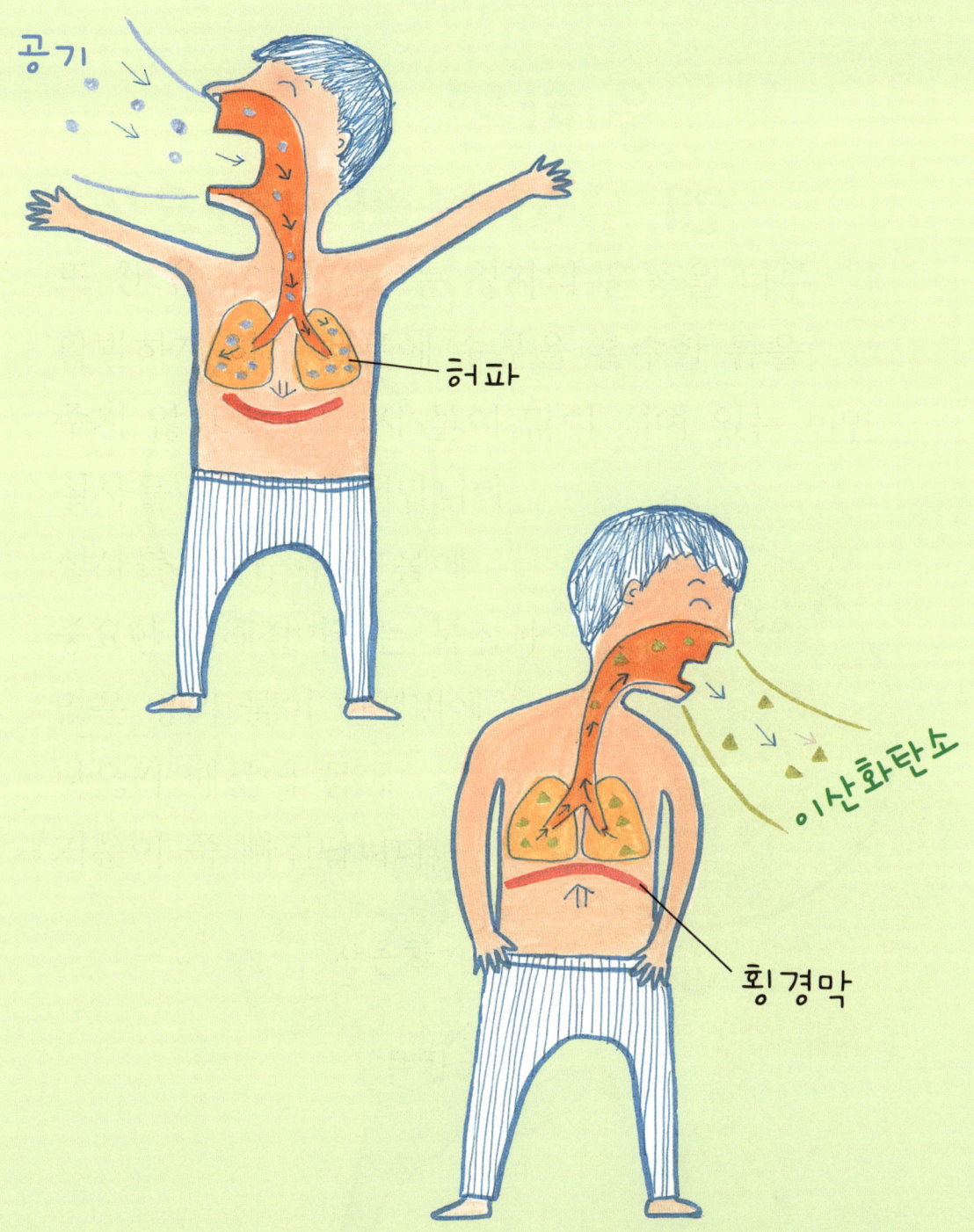

47 운동을 하면 왜 숨이 가빠질까요?

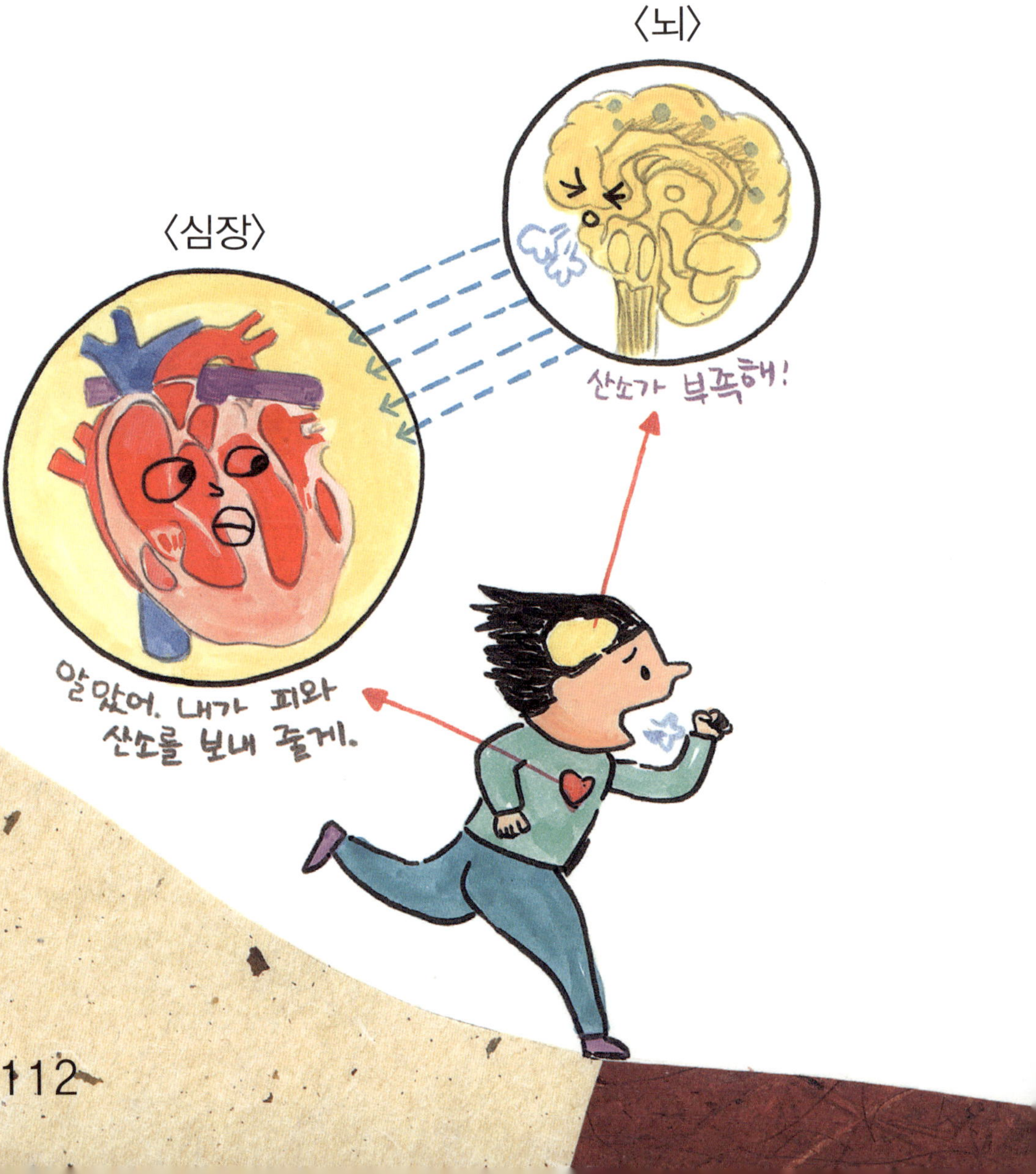

〈뇌〉

〈심장〉

산소가 부족해!

알았어. 내가 피와 산소를 보내 줄게.

우리 몸의 근육(힘줄과 살)에는 산소가 꼭꼭 저장되어 있어요. 운동을 하면 근육이 움직이는데, 이때 저장되어 있던 산소를 쓰게 된답니다. 그런데 산소를 쓰면 근육에는 그만큼 이산화탄소가 생기게 돼요. 몸을 많이 움직일수록 근육에 이산화탄소는 많아지지요. 그러면 뇌는 산소가 부족한 것을 알고 더 많은 피를 보내라고 심장에 신호를 보낸답니다. 그러면 심장은 부족한 산소를 채우기 위해 더 빨리 뛰어 많은 피를 내보내요. 이렇게 심장이 빨리 뛰면 숨이 가쁘게 된답니다.

48 가슴은 왜 콩닥콩닥 뛸까요?

왼쪽 가슴에 손을 대 보세요.
가슴이 콩닥콩닥 뛰지요?
이것은 심장이 열심히 일을 하는 소리예요.
심장은 잠시도 쉬지 않고 산소와 영양분이 가득한 깨끗한 피를 온몸에 내보낸답니다.
심장은 오그라들 때 피를 내보내고,
온몸 구석구석을 돌고 온 피를 다시 받아들여요.

그리고 이 피를 다시 허파로 보내 몸 구석구석으로
내보내지요.
가슴이 콩닥콩닥 뛰는 것은 심장이 오그라들어
피를 내보내는 소리랍니다,
건강한 어른은 심장이 1분에 70번 뛰고,
어린이는 1분에 80~90번 뛴답니다.

1분에 80~90번

1분에 70번

숨을 쉬지 않고 얼마나 살 수 있어요?

숨을 쉬면 허파가 공기에 들어 있는
산소를 흡수해 온몸에 보내준다고 했지요?
그럼, 숨을 쉬지 않으면 어떻게 될까요?
숨을 쉬지 않으면 공기가 몸속으로 들어가지 못해
허파는 산소를 흡수하지 못하게 돼요.
우리 몸은 산소가 없으면 먹은 음식물을 영양분으로
바꾸는 일을 하지 못하게 된답니다.

그래서 잠시도 쉬지 않고 숨을 쉬어 산소를 보내 주어야 해요. 이렇게 중요한 숨을 쉬지 않고 견딜 수 있는 시간은 겨우 3분 정도예요. 그 이상 숨을 쉬지 않으면 목숨을 잃을 수 있답니다.

50 머리를 찧으면 왜 혹이 생겨요?

머리는 단단한 뼈를 얇은 피부가 둘러싸고 있어요.
머리가 무언가 단단한 것에 세게 부딪히면, 피부는 찢어지지 않았어도 피부밑은 상처가 나 피가 스며 나온답니다.
스며 나온 피는 다리나 팔처럼 살이 많은 곳이라면 근육 속으로 퍼지지만, 머리처럼 피부밑에 살이 거의 없고
곧바로 단단한 뼈가 있으면,
뼈와 피부 사이에 고여
부풀어 오르게 된답니다.
바로 혹이지요.

이건 혹이 아니라 섬유종이에요.

혹이 생기면 문지르지 말고 먼저 찬찜질로 아픔이 사라지게 한 뒤, 더운찜질을 하여 피가 잘 돌게 해 주세요. 혹은 시간이 좀 지나면 저절로 사라진답니다.

51 멍은 왜 생길까요?

친구와 장난을 치다 꽝! 책상에 다리를 부딪친 적 있나요? 잠시 뒤 다리를 보았더니 파랗게 멍이 들었던 기억은요?
멍은 피부가 단단한 것에 부딪혔을 때 생겨요. 단단한 것에 부딪히면 피부는 찢어지지 않았더라도 피부밑은 실핏줄이 터져 상처가 난답니다. 그러면 피가 스며 나오게 되지요. 스며 나온 피는 근육에 고루 퍼지게 되는데 이것이 바로 멍이랍니다.
그런데 멍이 파랗게 보이는 것은 피가 파란색으로 변해서일까요? 아니에요. 검붉은 피가 피부색과 혼합이 되어서 파랗게 보이는 것뿐이랍니다.

52 잠은 왜 자야 하나요?

잠을 안 자면 안 될까요?
자는 시간이 너무 아까운데…….
안 돼요. 잠은 피곤에 지친 우리 몸을 다시 생기 있게 해 주는 보약이에요. 잠을 자는 동안 뇌는 살짝 깨어 있지만, 다른 곳들은 모두 편안히 휴식을 취해요. 낮처럼 활발히 움직이는 것이 아니라 천천히 느리게 움직이지요.
또, 잠을 자면서 하루 동안 먹은 음식물을 흡수하여 우리 몸에 필요한 영양분을 만든답니다.
갓난아기들을 보세요.
하루 종일 우유를 먹고 잠만 자지요?
아기들은 잠을 자면서 쑥쑥 자라는 거랍니다.

특히 **초등학교 어린이들은 밤에 잠을 잘 때 키가 크므로, 일찍 잠자리에 들어야 해요.** 잠이 부족하면 키가 잘 자라지 않는답니다.

53 꿈은 왜 꾸나요?

꿈은 깊은 잠에서 옅은 잠으로 옮겨갈 때 꾸어요.
우리가 자는 동안에도 뇌는 살짝 깨어
있어서 잠을 자지 않았을 때처럼 머릿속으로
이런저런 상상을 하지요.
상상은 낮에 보았던 일이나 마음속으로 생각한
일들을 떠올리는 거예요.
뭐라고요? 어린이 여러분은 꿈을 꾸지 않는다고요?
아니에요. 꿈은 누구나 다 꾸어요.
그런데 잠에서 깨어났을 때 자면서 꾼 꿈을
기억하지 못하기 때문에 꿈을 안 꾸었다고
생각하는 거예요.

무릎을 꿇고 앉아 있으면 왜 다리가 저릴까요?

우리나라는 나이 어린 사람이 웃어른 앞에 앉을 때 다소곳하게 무릎을 꿇고 앉는 것이 예의랍니다. 그런데 무릎을 꿇고 오래 앉아 있으면 다리가 저려요. 왜 그럴까요?

그것은 우리 몸을 흐르는 피의 흐름이 나빠졌기 때문이에요. 서 있거나 편하게 앉아 있으면 피가 잘 흐르기 때문에 다리가 저리지 않아요.
그러나 다리를 꼬거나 무릎을 꿇고 앉아 있으면 다리가 눌려서 피가 잘 흐르지 못하게 돼요. 그러면 다리가 저리게 된답니다. 이럴 때는 가볍게 주물러 주면 저린 증상이 없어진답니다.

알쏭달쏭 뼈·피부·근육

피부는 왜 있을까? 뼈는 왜 있을까?
땀은 왜 날까? 주름은 왜 생길까?
신기한 우리 몸의 뼈와 피부, 근육!

55 우리 몸에 뼈는 왜 있을까요?

오징어, 낙지, 해파리······.
모두 몸의 모양이 흐물흐물하지요?
뼈가 없다면 우리 몸도 이럴 거예요.
우리는 뼈가 있어서 몸을 지탱할 수 있어요.
똑바로 설 수도 있고, 몸을 움직일 수도 있지요.
그리고 몸속에 있는 중요한 부분들을 보호할 수 있어요. 가슴 부분을 만져 보세요. 갈비뼈가 느껴지지요? 이 갈비뼈가 심장, 허파, 간 등을 둘러싸 보호하고 있는 거예요. 머리도 단단한 뼈가 뇌를 보호하고 있는 거고요. 이것 말고도 뼈는 피를 만들어 내고, 칼슘을 저장해 두었다가 우리 몸에 칼슘이 부족하면 내보내 주기도 한답니다.

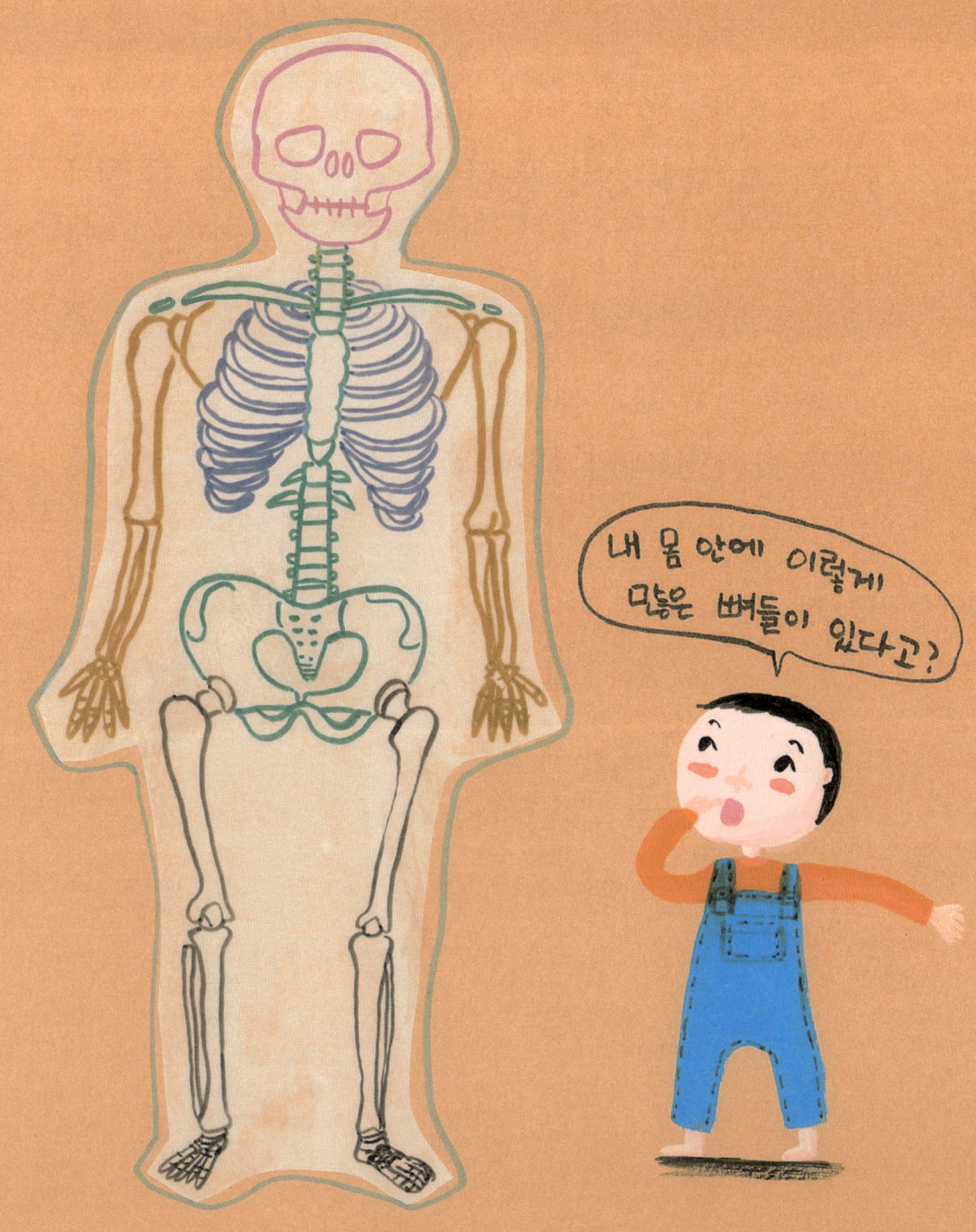

56 어른과 아기, 누가 더 뼈가 많을까요?

어른보다 아기가 더 뼈가 많아요.
어른은 206개, 아기는 300여 개 된답니다.
어른과 아기의 뼈가 다르다니 깜짝 놀랐지요?
아기는 자라면서 여러 조각으로 나뉘어 있던
몇몇 뼈가 하나로 합쳐지기 때문에 그렇답니다.
어린이의 뼈는 구부러지기 쉬운 물렁뼈이지만,
자라면서 점점 단단해져요.
또 어린이의 뼈는 아교질이 많아서 휘거나
부러져도 잘 붙지만, 어른의 뼈는 칼슘이 많고
아교질이 적어서 부러지면 잘 붙지 않는답니다.

손가락뼈를 구부리면 왜 소리가 날까요?

뼈는 뼈와 뼈를 연결해 주는 마디가 있는데, 이곳을 관절이라고 해요.
관절이 있어서 허리를 구부릴 수 있고, 팔다리를 굽혔다 펼 수 있고, 발목을 돌릴 수 있어요.
관절이 없다면 몸이 뻣뻣해서 자유롭게 움직이기 힘들답니다.

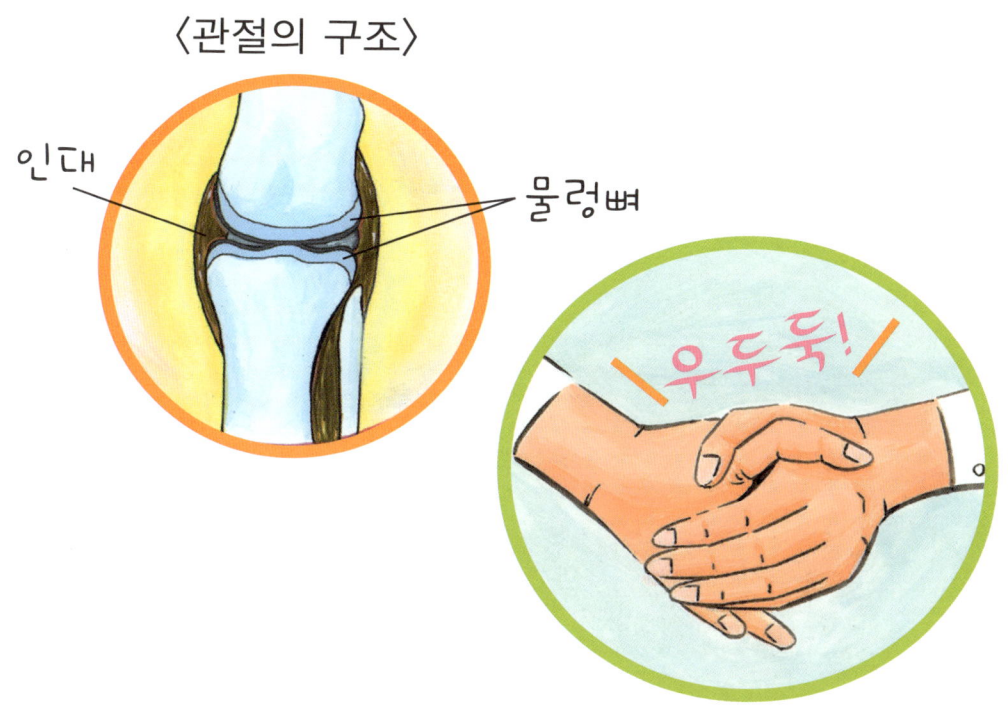

관절 양쪽 뼈끝에는 물렁뼈가 있고, 물렁뼈에는 미끌미끌한 물이 들어 있어서 뼈를 움직일 때 아프지 않고 부드럽게 움직일 수 있어요.
손가락뼈를 힘을 주어 구부리면 관절에 있는 이 미끌미끌한 물이 눌려 그 안에 들어 있던 공기가 빠져나가게 돼요. 바로 이때 우두둑 소리가 난답니다.

58 부러진 뼈는 어떻게 다시 붙을까요?

뼈가 부러졌다고요? 걱정 말아요.
두세 달 정도 지나면 딱 붙을 테니까요.
뼈가 부러지면 부러진 곳에 아주 끈끈한
진이 나와요. 이 끈끈한 진이 부러진 뼈의
틈을 메워 뼈를 단단히 붙여 준답니다.
부러진 뼈는 부러지기 전의 모양과 같게 위치를
잘 맞춘 뒤 깁스를 해서 움직이지 않도록
해 주어야 해요. 그렇지 않으면 뼈의 모양이
휘거나 굽는답니다.

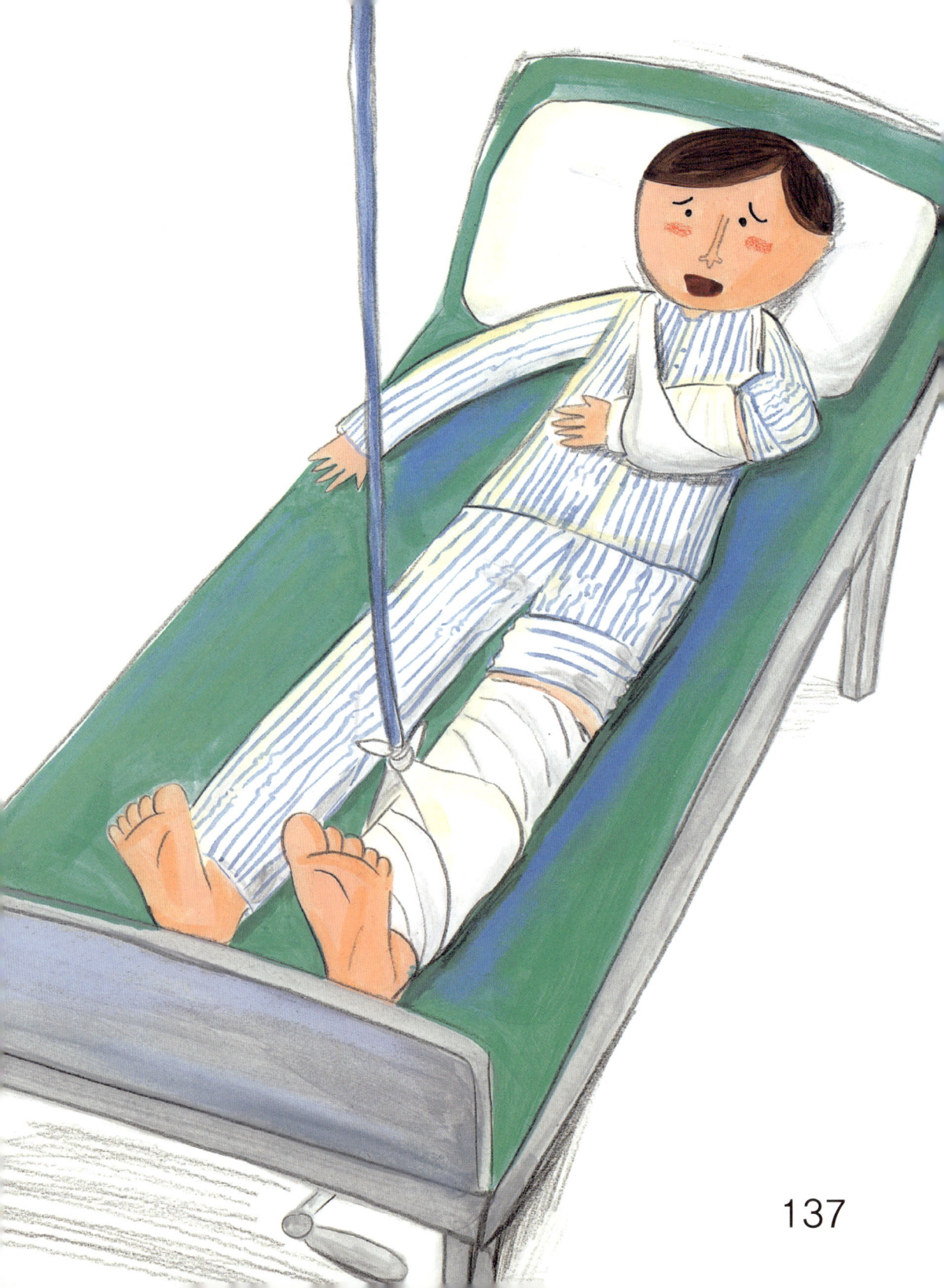

지문은 왜 있을까요?

손바닥을 자세히 보면
손가락 끝 쪽에 가는 금들이
둥그스름하게 그어져 있어요.
바로 '지문'이에요. 지문은
사람마다 모양이 다르게 생겼답니다.

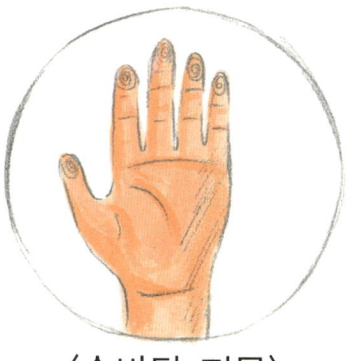

〈손바닥 지문〉

지문은 물건을 쥘 때 미끄러지는 것을
막아 주고, 무엇을 만졌을 때 느낌(촉감)을
구별해 주는 일을 해요.

어두운 곳에서 물건을 만졌을 때
그것이 무엇인지 알 수 있는 것도
바로 지문 때문이지요.

어응 나도 지문 있어응

지문은 고릴라나 침팬지, 원숭이처럼
손으로 물건을 쥐는 동물에게는 모두 있어요.

60 키는 몇 살까지 클까요?

키가 자라는 것은 뼈가 자라기 때문이에요.
팔, 손가락, 발가락, 척추, 무릎…….
등과 같은 긴 뼈 끝에는 성장판이 있는데,
이 부분이 자라기 때문에 키가 크는 거랍니다.
성장판은 태어나면서부터 활발히 자라기 시작해서
서서히 자라는 속도가 느려지다가 남자는
25~28세, 여자는 23~24세 정도가 되면
완전히 멈춘답니다. 한마디로 키가 더 이상
자라지 않는 것이지요.

61 보조개는 왜 생기나요?

우리 얼굴에는 여러 가지 근육이 있어요. 특히 **입 근처에는 예쁜 보조개를 만드는 근육이 있지요.** 보조개를 만드는 근육은 뼈에 붙어 있지 않고 피부 바로 밑에 있어요.

웃거나 말을 하면 이 근육이 뒤로 당겨지는데
그때 그 부분의 피부가 오목하게 파이게 돼요.
바로 보조개이지요.
보조개는 턱이나 이마에도 생길 수 있어요.
대개 피부밑이 말랑말랑하고, 피부밑에 지방이
많은 사람이 잘 생겨요.
그래서 어린이나 여자에게서 볼 수 있답니다.

62 피부는 무슨 일을 하나요?

피부는 우리 몸 전체를 빈틈없이 감싸고 있어요.
피부가 없다면 우리 몸속에 있는
중요한 기관들은 위험에 빠질 거예요.
세균이 쉽게 들어와 병을 일으키고, 뜨거운
햇볕이나 강한 추위, 열, 충격에
곧바로 상처를 입을 수 있으니까요.
하지만 피부가 있기 때문에 이러한
위험에서 몸속 기관들을 보호할 수
있답니다.

피부 겉면은 기름샘에서 나온 기름이 얇게 덮고 있어 수분이 몸속으로 들어올 수 없어요. 또 땀샘으로 몸속의 열을 내보내 몸의 온도를 조절하고, 땀구멍으로 땀을 흘려 몸속 수분 조절과 몸속 찌꺼기를 내보내는 일을 하지요.

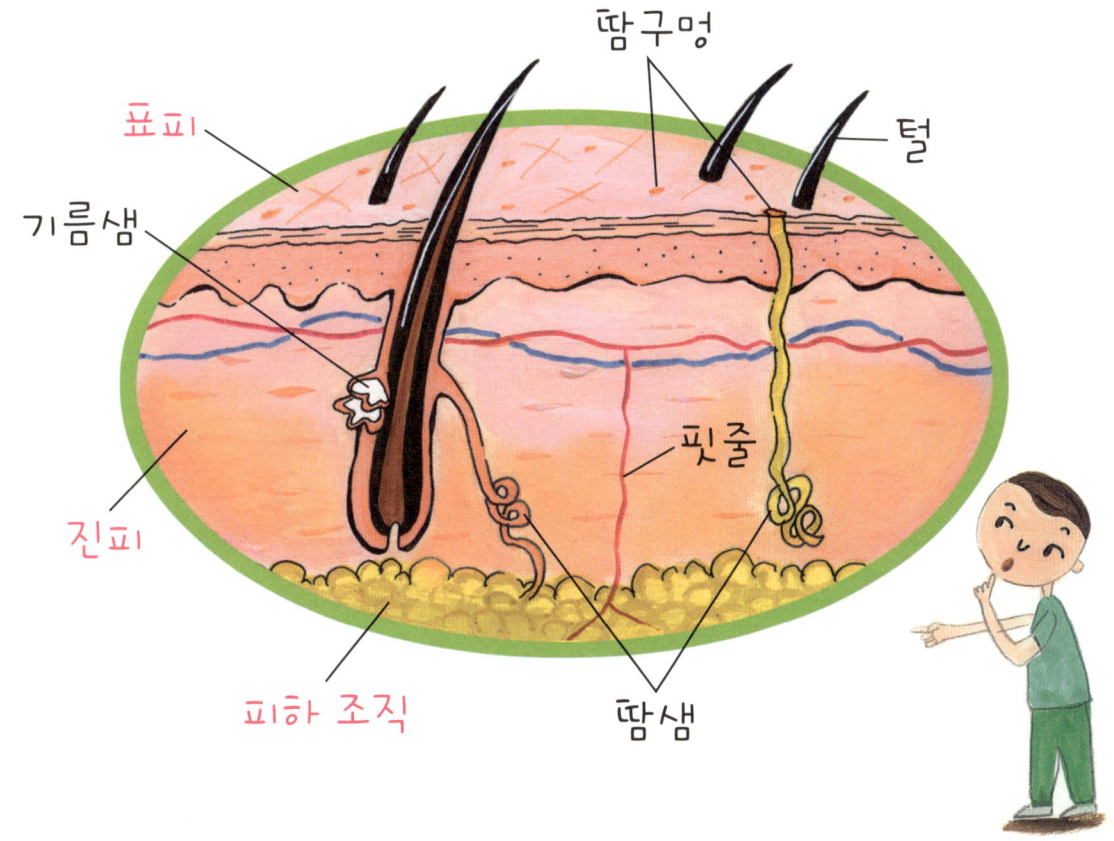

63 모기에 물리면 왜 빨갛게 붓고 가려울까요?

눈이 가려워요.

오 발 냄새

무더운 여름날 밤, 별안간 톡 쏘고 달아나는 얄미운 모기!
이렇게 사람을 무는 모기는 암놈이에요.
모기의 입은 일곱 개의 긴 관과 바늘로 되어 있는데, 암놈 모기는 그 관으로 피를 빨아 먹지요.
그런데 피를 빨아 먹는 동안 피가 엉겨 붙지 않도록 하기 위해 관 아래에 있는 침을 내뿜는답니다. 이 침이 피부를 빨갛게 부어오르게 하고 아주 가렵게 해요.

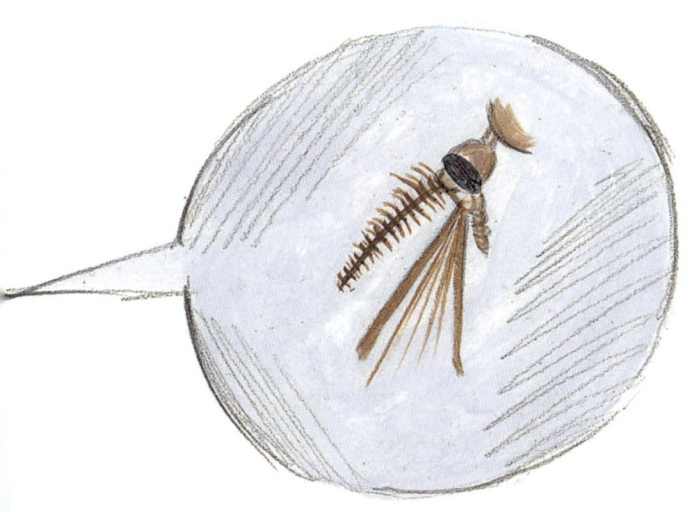

〈체액을 빨아 먹는 바늘 모양의 관〉

147

피부에 난 상처는 어떻게 금방 아무나요?

넘어져 다리가 살짝 긁히거나 친구와 장난을 하다 팔을 살짝 긁힌 적 있지요?
이렇게 생긴 상처는 며칠 지나면 감쪽같이 사라져요.
피부는 상처가 나면 원래 상태로 되돌아가려는 힘이 강해져요.
그래서 빠르게 새살이 돋고 상처가 아문답니다.

아~앙~

65 때는 왜 생겨요?

우리 피부 맨 아래층에서는 쉬지 않고 새 피부를 만들어 위로 보내요. 그러면 그전에 생긴 제일 위층의 피부는 죽은 피부가 되어 떨어져 나가지요. 이 죽은 피부를 각질이라고 하는데, 때는 바로 이 각질에 땀, 기름, 먼지 등이 붙어 생기는 거예요.
참, 목욕탕에서 때를 박박 문질러 닦는 것을 볼 수 있는데 조심하세요. 너무 세게 문지르면 피부를 보호하는 막을 벗겨내 피부가 건조해져 습진이나 가려움증이 생길 수 있답니다.

66 배꼽은 왜 있을까요?

배꼽은 탯줄이 있던 자국이에요.
아기는 엄마 배 속에 있을 때 탯줄을 통해 엄마의 몸에서 영양분과 공기를 받아 자란답니다.
아기가 태어나면 이 탯줄을 자르는데, 그 잘린 상처가 아물면서 바로 배꼽이 되는 거예요.

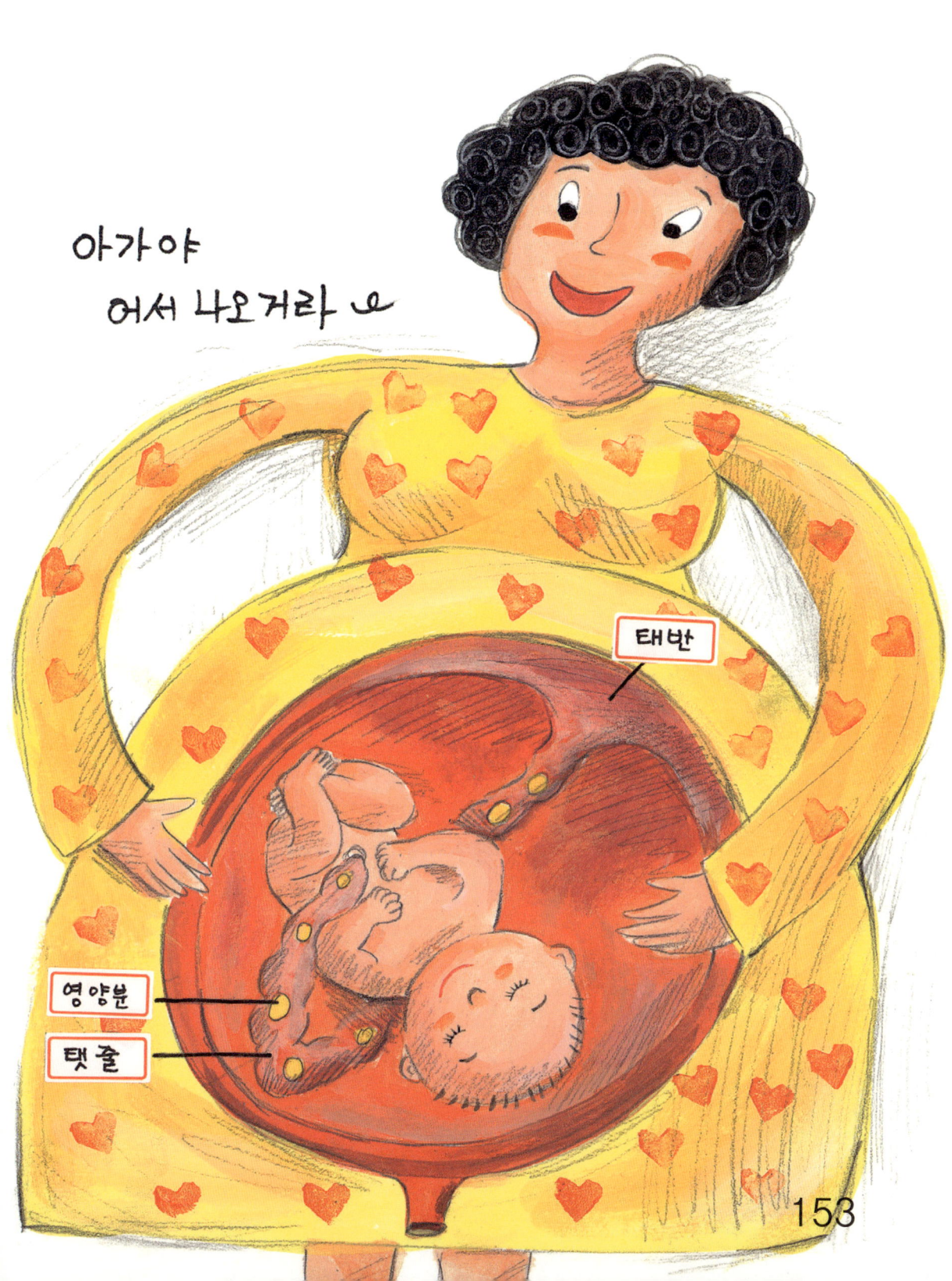

67 배꼽에는 왜 까만 것이 끼어 있을까요?

배꼽을 보면 까만 것이 끼어 있을 거예요.
이것은 배꼽의 주름에 쌓인 먼지나 때가
굳어진 것이랍니다.
혹시, 어린이 여러분 가운데 콧구멍 후비듯이
이 때를 팠던 사람 있나요?
잘못하면 배꼽에 세균이 들어가서 아플 수 있어요.
억지로 손으로 떼어 내지 말고 목욕할 때
비누칠을 해서 수건으로 살살 문질러 씻어 주세요.

68 여드름은 왜 생겨요?

사춘기인 15세쯤 되면 우리 몸은 여러 가지 변화가 생겨요. 여자는 더욱 여자답게, 남자는 더욱 남자답게 몸에 변화가 오지요. 피부도 마찬가지여서 진피의 기름선에서 전보다 훨씬 많은 기름이 생긴답니다.
이 기름은 털구멍으로 제때 피부 밖으로 나와야

하는데, 기름선에 있는 여드름균이 염증을 일으켜 털구멍을 막아 버리면 기름이 밖으로 나오지를 못하게 돼요. 기름선에서는 계속 많은 기름이 나오는데, **털구멍이 막혀 기름이 밖으로 나오지 못하게 되면 기름선이 부풀어 오르는데,** 이것이 바로 여드름이랍니다.

〈여드름〉

69 비듬은 왜 생겨요?

피부는 끊임없이 새 피부를 만들고 맨 위층의 오래된 피부는 죽어 떨어져 나가요. 이러한 일이 계속 되기 때문에 우리 피부는 항상 매끈하고 건강하게 유지되는 거랍니다.

두피에서 나오는 비듬도 수명을 다하고
떨어지는 피부예요.
엄밀히 말하면 죽은 피부와 두피에서
나오는 기름기와 먼지 등이 엉겨 붙어서
생긴 것이지요.
머리를 자주 감아서 비듬 없는
깨끗한 머리로 생활하세요.

 ## 주름은 왜 생겨요?

여러분 새 고무줄을 생각해 보세요.
고무줄을 길게 늘였다가 놓으면 제자리로
돌아가 본래의 길이가 되지요?
이것을 탄성이라고 해요.
우리 피부도 이처럼 늘어났다 줄어들었다 하는
탄성이 있어요. 젊었을 때는 피부의 탄성이 좋아
탱탱하고 부드러워요. 그렇지만 나이가 들면
점차 피부에서 수분이 빠져나가 탄성이
줄어들어요. 젊었을 때처럼 탱탱하지 않고
쭈글쭈글해지는 것이지요. 바로 주름이 생기는
것이랍니다.
특히 얼굴에서 눈가나 입가, 이마는 살면서

웃거나 찡그리거나 우는 표정을 반복하기 때문에 자신도 모르게 주름이 생긴답니다.

71 추우면 왜 몸이 덜덜 떨려요?

우리 몸은 덥거나 춥거나 언제나 36.5도예요. 그래서 몸의 온도가 너무 올라가면 땀을 흘려 열을 몸 밖으로 내보내고, 추우면 몸을 움츠려서 열이 몸 밖으로 나가지 못하도록 하지요. 이러한 일을 누가 하느냐고요? 바로 뇌예요. 뇌가 우리 몸이 늘 36.5도를 유지하도록 조절을 해요. 그런데 몸을 움츠려도 안 될 정도로 추울 때는 어떻게 할까요? 그럴 때는 뇌가 온몸의 근육을 덜덜 떨라고 명령을 내려요.

우리 몸은 언제나 36.5도

근육이 떨릴 때 몸에서
열이 나거든요. 그래서
추우면 추울수록 더 많은
열을 내려고 근육은
더 빨리 움직인답니다.

72
부끄러우면 왜 얼굴이 빨개질까요?

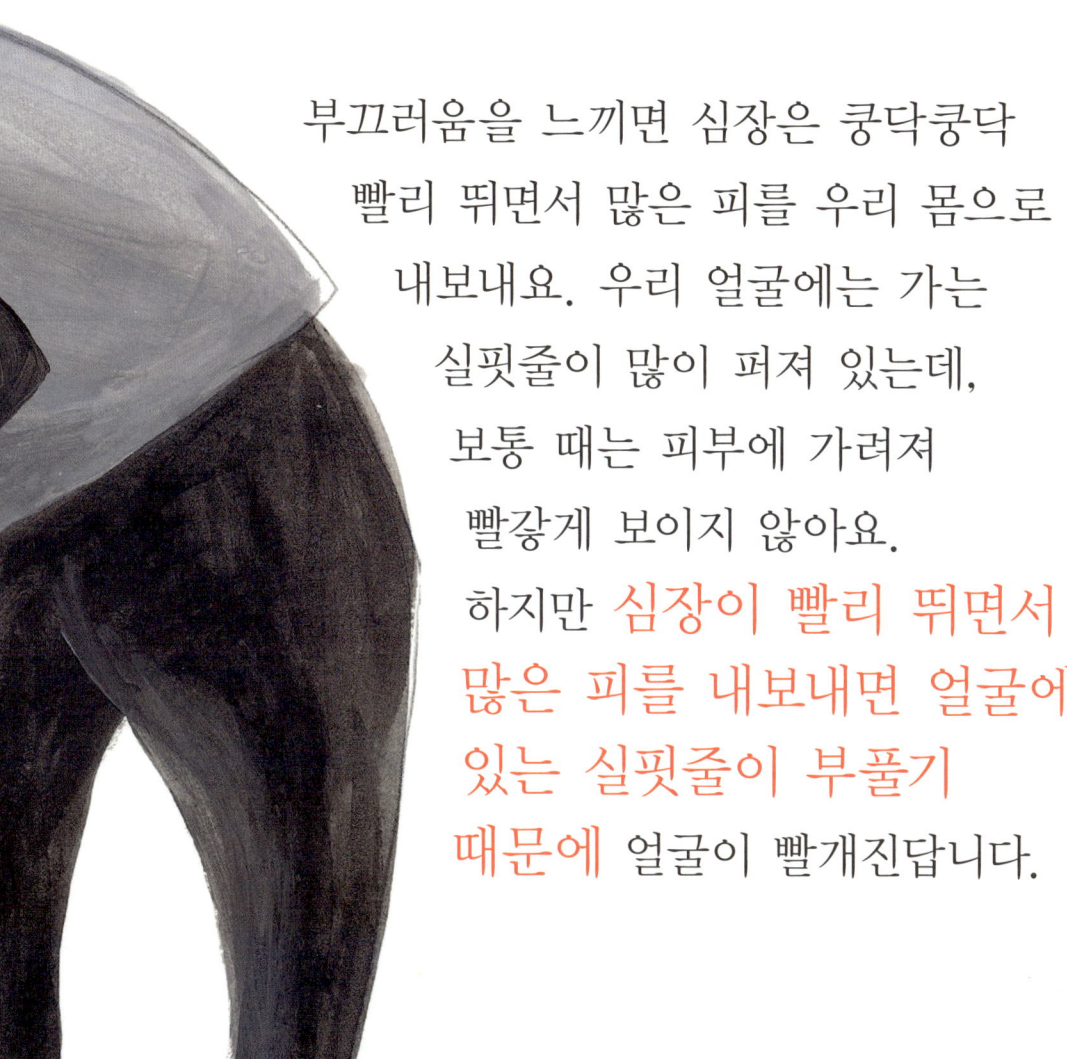

부끄러움을 느끼면 심장은 쿵닥쿵닥 빨리 뛰면서 많은 피를 우리 몸으로 내보내요. 우리 얼굴에는 가는 실핏줄이 많이 퍼져 있는데, 보통 때는 피부에 가려져 빨갛게 보이지 않아요.
하지만 **심장이 빨리 뛰면서 많은 피를 내보내면 얼굴에 있는 실핏줄이 부풀기 때문에** 얼굴이 빨개진답니다.

73 손톱은 왜 자라나요?

손톱은 피부의 겉 부분 각질이 단단하게 변해서
생긴 거예요. 그래서 신경도 혈관도 없어서
자를 때 아프지 않지요.
손가락 끝 살 속에는 손톱 뿌리가 있어서
아무리 손톱을 깎아도 계속 자라나요.
발톱도 마찬가지고요.
손톱은 손가락 끝의 피부를 보호하고,
물건을 잡았을 때 놓치지 않게 해 주어요.

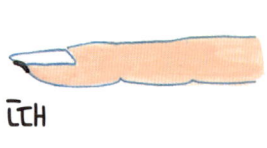

때

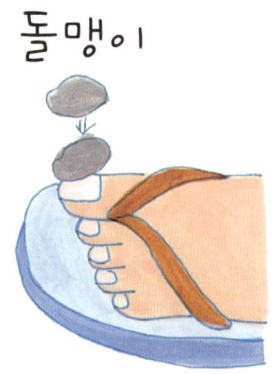

돌맹이

그런데 손톱 밑에 때가 끼면 세균이 생기기 쉬우니 깨끗하게 씻고 손톱이 길면 짧게 잘라야 한답니다.

74 눈썹은 왜 생겼을까요?

거울로 얼굴을 들여다보세요. 눈·코·입,
어느 것 하나 필요하지 않은 것이 없지요?
그런데 눈 위에 나 있는 눈썹은 무슨 일을 할까요?
눈썹은 이마에 난 땀이 흘러 눈으로
들어가는 것을 막아 주어요.
그리고 눈이 부실 때 이마를
찡그리면 눈썹이 꼿꼿이
뻗쳐서 햇빛을 막아
주지요.

또한 이마에
떨어진 먼지가 눈에
들어오지 않도록
막아 주는 일도 한답니다.
그러고 보니 눈썹도 없어서는
안 될 중요한 신체의 한 부분이지요?

75 노인이 되면 왜 머리가 하얘질까요?

머리카락에는 멜라닌이라고 하는 흑갈색 알갱이가 들어 있어요. 흑갈색 알갱이가 많으면 머리가 검게 보이고, 흑갈색 알갱이가 적으면 갈색이나 노란색 머리카락이 된답니다.
그런데 나이가 들어 노인이 되면 멜라닌이 잘 만들어지지 않아요.

머리카락

멜라닌이 없다 보니 머리카락이 하얗게
되는 거지요.
어떤 병으로 머리가 하얗게 되었다면
그 병을 치료하면 머리가 다시 검게 되어요.
하지만 나이가 들어 멜라닌이 안 생겨서
하얗게 변한 머리카락은 다시 검은 머리카락이
나도록 할 수 없어요.

여자는 왜 수염이 나지 않을까요?

여자도 수염이 나요. 하지만 남자처럼 굵고 검은 수염이 아니라 가늘고 짧은 솜털이라서 눈에 잘 띄지 않는 것뿐이에요.

수염을 잘 자라게 하는 것은 남성 호르몬이에요.
남성 호르몬은 수염은 잘 자라게 하는데,
머리카락은 잘 자라지 못하게 해요.
반대로 여성 호르몬은 머리카락은 잘 자라게
하는데, 수염은 잘 자라지 못하게 한답니다.
그래서 여자는 수염이 잘 자라지 않아서
수염이 나지 않는 것처럼 보이는 거예요.

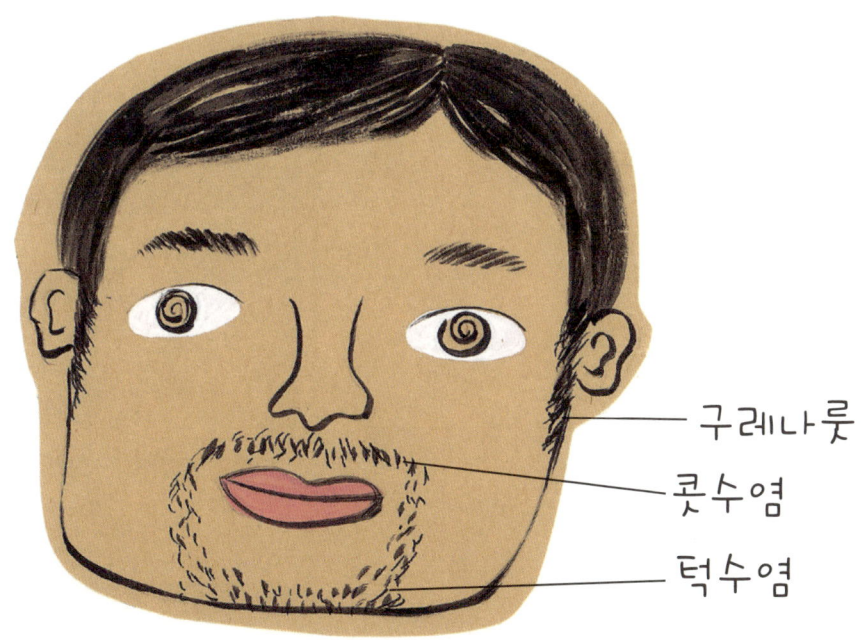

피부색은 왜 인종마다 다를까요?

인종마다 피부색이 다른 것은 피부에 있는 멜라닌이라는 흑갈색 알갱이의 양이 다르기 때문이에요.

이 멜라닌은 피부, 털, 눈동자 등에 들어 있어요. 멜라닌은 흑갈색 알갱이이므로 **멜라닌이 많을수록 피부색은 검고, 반대로 멜라닌이 적으면 하얀 피부를 갖게 되지요.**

우리와 같은 경우는 멜라닌 양이 중간쯤

황인종

되는 것이고요.
피부색은 사는 곳에 따라 달라요.
더운 나라에 사는 사람들은 피부가 까맣고,
추운 나라에 사는 사람들은 피부가 하얗답니다.

78 햇볕을 오래 쬐면 왜 피부가 탈까요?

강한 햇볕이 피부에 닿으면
피부는 멜라닌을 더 많이 만들어요.
멜라닌은 햇볕 속에 있는 자외선을 막아서
피부가 늙는 것을 막는 일을 하거든요.
햇볕에 피부를 보호하기 위해서 생긴 많은 흑갈색

멜라닌 알갱이들이 피부 위로
올라오기 때문에 피부는
거무스름하게 변하게 된답니다.
햇볕을 오래 쬐면 피부가
검어지는 까닭을 이제 알겠지요?

점과 주근깨는 왜 생겨요?

점은 피부의 한곳에 자외선이 너무 많이 들어와 멜라닌이 집중적으로 많이 쌓여서 생긴 거예요. 어떤 경우는 여드름을 잘못 짜 검붉은 색이 없어지지 않고 그대로 색이 진해져 점이 되기도 하고요.
주근깨는 점의 한 종류예요.

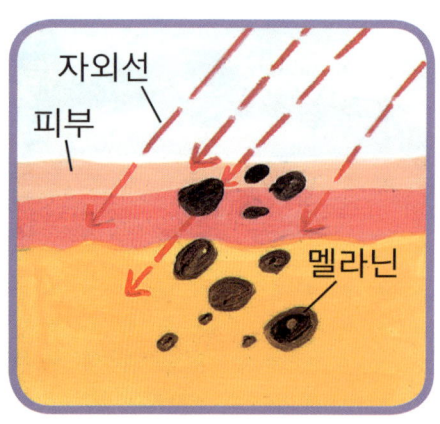

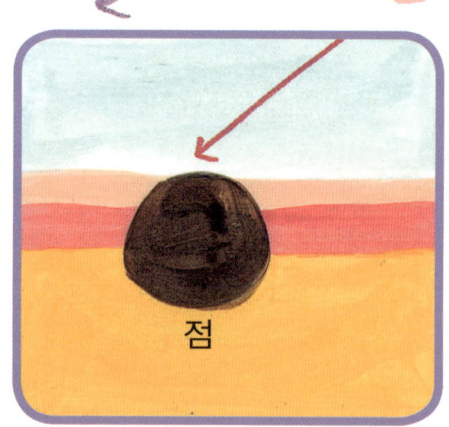

점과 같이 멜라닌이 한곳에
많이 쌓여서 생기지요.
주근깨는 유전이어서 엄마나 아빠가
주근깨가 많으면 자녀들도 주근깨가 많답니다.
점과 주근깨는 햇볕을 많이 받으면 더
많아지고 진해지므로, 밖에 나갈 때는
챙이 있는 모자를 써서 햇볕을
가려주는 게 좋아요.

나는 점순이

80 물집은 왜 생길까요?

물집은 손바닥이나 발뒤꿈치 등에 잘 생겨요. 물집은 어떤 물건을 오랫동안 잡고 일을 하거나, 발에 꼭 맞는 새 신발을 신고 오래 걸었을 때나, 살짝 데었을 때 생기지요.
물집은 서로 딱 달라붙어 있던 표피와 진피가 떨어져 그 사이로 혈장이 고여 생기는 거예요.
혈장은 피에 들어 있는 백혈구, 적혈구, 혈소판을 빼고 남는 물이지요.
물집은 함부로 짜면 세균에 감염될 수 있으니 터뜨리지 말고

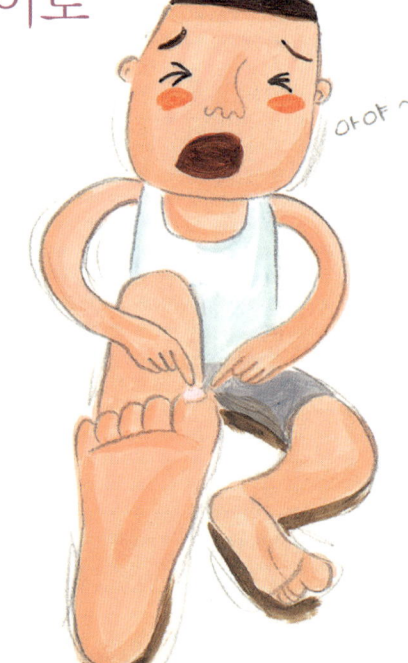

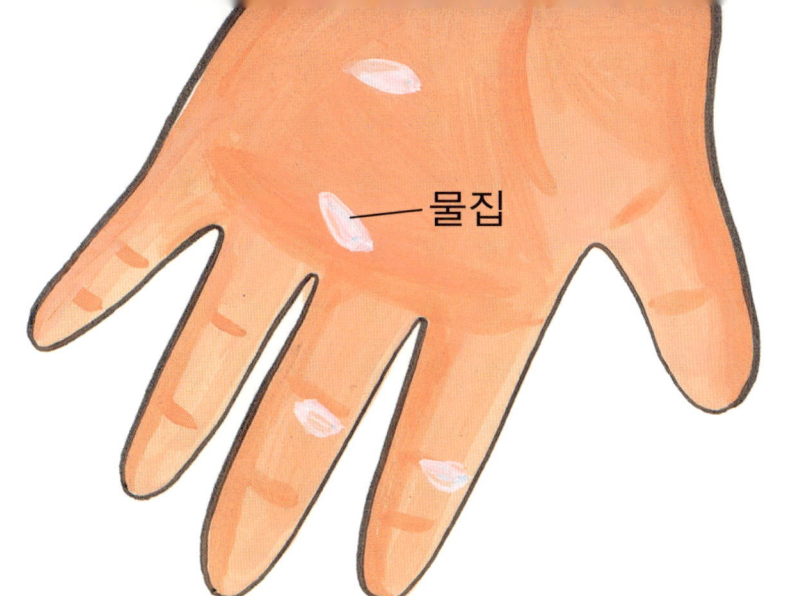

그냥 두세요.
시간이 지나면 가라앉는답니다.

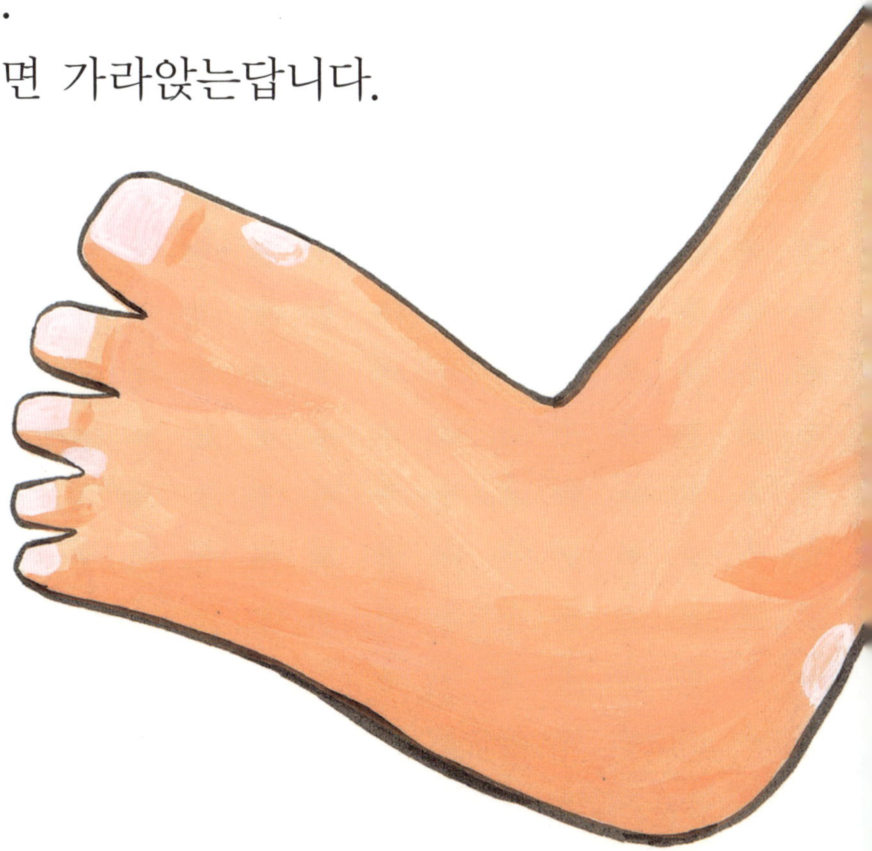

81 소름은 왜 돋을까요?

털이 나는 구멍을 모공이라고 해요.
모공에는 털뿌리인 모근과 땀샘이 같이 있어요.
모근은 추위를 느끼거나 무서움을 느끼면
갑자기 오그라들어 모공을 꼭 닫아버려요.
모공으로 몸의 열이 나가는 것을 막아
체온을 조절하기 위해서이지요.
모공이 닫히면 털이 쭈뼛 서게 되는데,
피부 전체로 보면 살이
오돌토돌하게 돋아요.
이것을 소름이라고 해요.

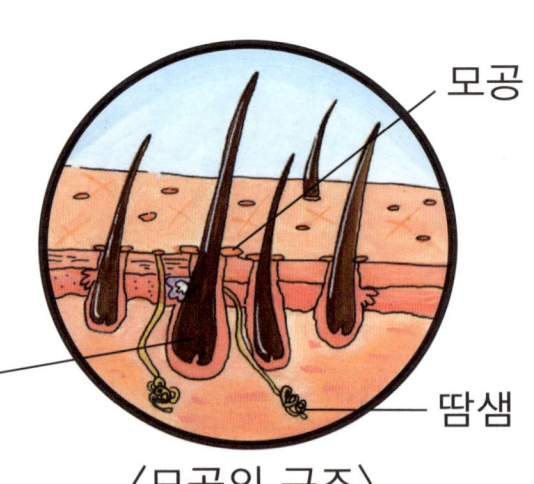

〈모공의 구조〉

82 땀은 왜 나는 거예요?

우리 몸의 온도는 36.5도예요. 그런데 날이 덥거나 운동을 하면 몸의 온도가 올라가요. 그러면 우리 몸은 땀을 흘린답니다.
피부로 나온 땀이 마를 때 몸의 열을 빼앗아 몸의 온도가 내려가거든요.
땀은 피부 속 땀샘에서 만들어져 피부에 있는 땀구멍을 통해 밖으로 나온답니다. 땀은 물과 약간의 소금기로 이루어져 있어요. 그래서 짭짜름한 맛이 나지요.
땀을 너무 많이 흘리면 그만큼 물을 많이 마셔야 해요. 몸속의 물이 땀으로 빠져나오면 그만큼 몸속에는 물이 부족해지니까요.

뛰었더니 땀나네
목도 마르고_

83 물에 손을 담그고 있으면 왜 손이 쭈글쭈글해질까요?

목욕탕에서 오랫동안 물장난을 하고 나왔더니
손이 쭈글쭈글해졌어요. 왜 이렇게 되었을까요?
손을 오랫동안 물에 담그고 있으면,
피부 표면에 물이 스며들어서 붓게 돼요.
즉 피부는 겉면은 늘어나서
넓이가 넓어지는데,

아~시원하다~

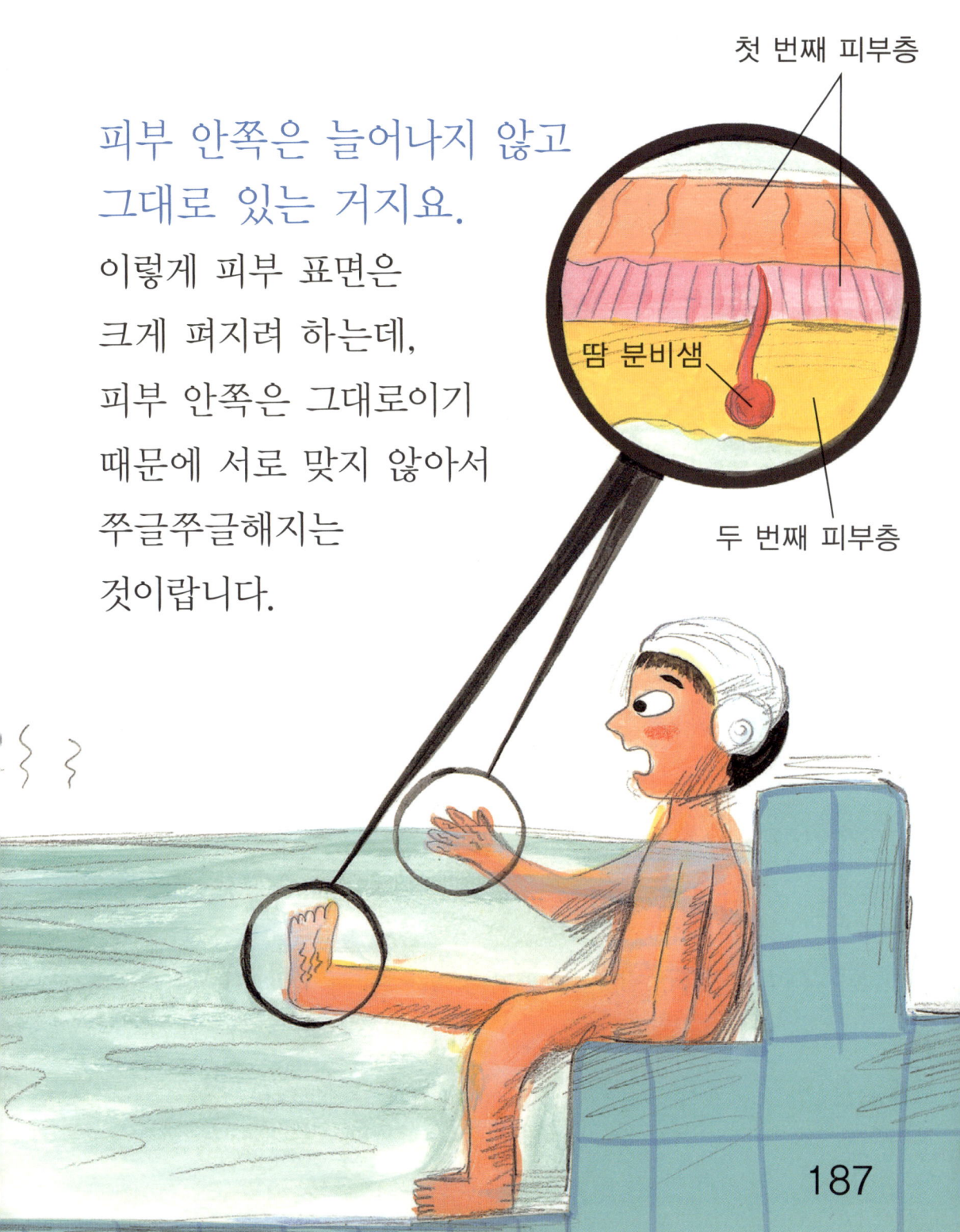

84 간지럼은 왜 탈까요?

우리 몸에는 간지럼을 느끼는 신경이 피부 속에 있어요. 특히 겨드랑이나 허리, 발바닥, 손바닥 같은 곳은 다른 곳보다 간지럼을 더 타지요. 이러한 곳에는 간지럼을 느끼는 신경이 많이 모여 있어서 그렇답니다.

간지럼은 내가 나를 간지럽힐 때는 타지 않아요. 언제 간지럼을 태워서 언제 멈출지 알기 때문에 불안하지 않아서 그렇답니다.

하지만 남이 나를 간지럽힐 때는 간지럼을 타요. 언제 간지럼을 태우고 언제 멈출지 몰라 불안하기 때문에 그렇답니다.

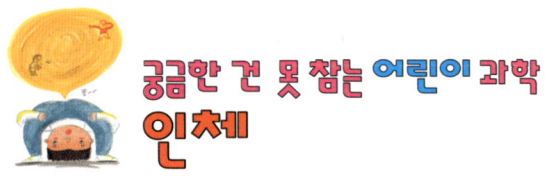

초판 1쇄 발행 2024년 10월 5일

발행인 최명산 **글** 해바라기 기획 **그림** 김은경
디자인 토피 디자인실
펴낸곳 토피(등록 제2-3228) **주소** 경기도 고양시 덕양구 향동로 201, 지엘 메트로시티 1116호
전화 (02)326-1752 **팩스** (02)332-4672

이 책은 저작권법에 따라 보호받는 저작물이므로 무단 전재와 무단 복제를 금지합니다.
ⓒ2024, 토피 Printed in Korea
ISBN 979-11-89187-30-9

이 도서의 국립중앙도서관 출판시도서목록(CIP)은 서지정보유통지원시스템(http://seoji.nl.go.kr)과
국가자료공동목록시스템(http://www.nl.go.kr/kolisnet)에서 이용하실 수 있습니다. (CIP제어번호 : 2017014021)